Jidongche Wuran Fangzhi Duice Yanjiu

机动车污染防治对策研究

——Yi Hebeisheng Weili

——以河北省为例

周 旌 杨 军 主编

人民交通出版社股份有限公司
China Communications Press Co.,Ltd.

内 容 提 要

本书通过对河北省大气污染的成因和河北省机动车污染现状的分析，结合国内外汽车尾气污染防治政策，有针对性地提出了河北省的机动车污染防治对策。

本书可供从事空气质量监测、机动车排放控制研究的人员阅读，也可供环保部门的管理人员参考。

图书在版编目 (CIP) 数据

机动车污染防治对策研究：以河北省为例 / 周旌，杨军主编 . —北京：人民交通出版社股份有限公司，2018.1

ISBN 978-7-114-14404-2

Ⅰ . ①机… Ⅱ . ①周…②杨… Ⅲ . ①汽车排气污染—污染防治—研究—河北 Ⅳ . ① X734.201

中国版本图书馆 CIP 数据核字 (2017) 第 309470 号

书　　名：机动车污染防治对策研究——以河北省为例

著 作 者：周　旌　杨　军

责任编辑：翁志新

出版发行：人民交通出版社股份有限公司

地　　址：（100011）北京市朝阳区安定门外外馆斜街3号

网　　址：http://www.ccpress.com.cn

销售电话：（010）59757973

总 经 销：人民交通出版社股份有限公司发行部

经　　销：各地新华书店

印　　刷：北京市密东印刷有限公司

开　　本：787×1092　1/16

印　　张：6.25

字　　数：85千

版　　次：2018年1月　第1版

印　　次：2018年1月　第1次印刷

书　　号：ISBN 978-7-114-14404-2

定　　价：30.00元

编写委员会

策　　划： 谢剑锋

主　　编： 周　旌　杨　军

副 主 编： 王海鹏　邢　正

编写人员： 高　博　王晓攀　孙玉娟　宋　宁

前　言

PREFACE

近年来，我国多地雾霾天气频现，大气污染引起了各方的强烈关注。而京津冀地区中的河北省，更是焦点中的焦点，在全国公布的74个城市空气质量排名最差的10个城市中，河北省的部分城市经常“上榜”，空气污染严重。

大气污染有其深层次的原因，不单单是工业、燃煤、扬尘等固定源的排放，还有像机动车、飞机、船舶和非道路移动柴油机械等移动源排放的“贡献”。随着居民生活水平的逐步提高，我国的机动车产销量连续7年位居世界第一，汽车尾气排污总量增幅明显，对环境造成巨大的压力。

本书从机动车环境管理的实际出发，以河北省为例，简要分析了大气污染的成因，统计分析了机动车保有量和车辆类型结构的变化趋势以及不同类型、不同燃料、不同排放标准车辆的占比情况；结合多年来机动车尾气检测数据、典型交通点位的实测数据和尾气遥感监测数据，分析评价了机动车污染排放对大气环境质量的影响；调研汇总了机动车管理和用户需求等方面以及政策执行遇到的问题和难点，借鉴国内外先进管理经验，为机动车污染控制精细化管理提出对策和建议。

本书第一章、第二章、第三章由周旌、杨军编写，第四章由邢正、王海鹏、高博编写，第五章由谢剑锋、王晓攀、孙玉娟、宋宁编写。全书由周旌、杨军担任主编并统稿，王海鹏、邢正担任副主编。

本书在编写过程中得到了能源基金会的支持，同时感谢河北省环境保护厅、河北省公安交通管理局、河北省交通运输厅公路管理局、国家环境保护部机动车排污监控中心、河北省各市环保局机动车排污监管部门的大力支持和帮助，也诚挚地感谢为本书提出宝贵意见与建议的所有业内专家与同事。

希望本书的出版，能够促进和推动机动车环境管理水平的不断提升，为机动车大气污染防治提供技术支持。受能力水平限制，不当之处，敬请广大读者及时批评指正。

编写委员会

2017年10月

目　录

CONTENTS

第一章 绪　论

一 研究背景

1. 大气污染依然严峻

近年来，我国多地出现雾霾天气，其中较严重的区域主要集中在长三角、京津冀及周边地区和东北部分地区。2013 年年初，京津冀曾经出现连续 20 多天的严重雾霾天气，引起了各方的强烈关注。

2015 年，京津冀地区 13 个地级以上城市平均超标天数比例为 47.6%，其中重度及以上污染占 10.0%。河北省的衡水、保定、邢台、邯郸、唐山和石家庄达标天数比例不足 50%，而且这些城市几乎常年位居全国空气质量污染严重前十行列。

2016 年 12 月份，石家庄市只有 1 天空气质量达标；污染最严重的过程发生在 12 月 17~21 日期间，5 天之内，17 日临近爆表，其余 4 天全部爆表。尤其是 19 日 13 时石家庄世纪公园点位 $PM_{2.5}$、PM_{10} 小时浓度值分别达到 1015μg/m^3、1130μg/m^3，双双“破千”，石门大气彻底沦陷。

2. 机动车排放问题凸显

随着居民生活水平的逐步提高，我国的机动车产销量连续 7 年位居世界第一，汽车尾气排污总量增幅明显，对环境造成巨大的压力。2015 年，我国机动车产销量已突破了 2450 万辆，机动车保有量达到 2.79 亿辆，各类污染物排放 4500 多万吨。

根据北京、天津、上海、石家庄、南京、杭州、宁波、广州、深圳 9 个城市的 $PM_{2.5}$ 源解析结果，本地排放源中移动源对细颗粒物浓度的贡献为

15.0%~52.1%；其中北京、上海、杭州、广州、深圳等特大型城市的移动源排放已成为细颗粒物污染的主要来源，深圳移动源的排放占比最高达到 50% 以上（这里的移动源包括了汽车、非道路机械和船舶）。

在一些地区颗粒物浓度下降的同时，臭氧（O_3）的污染逐渐突出，按照《2015 年中国环境状况公报》的统计数据，338 个地级以上城市全部重度及以上污染天数中，以 O_3 为首要污染物的天数占 1.3%。而机动车尾气（尤其是其中的挥发性有机物）是造成 O_3 污染超标的主要原因。

尾气排放已成为空气污染的重要来源，是造成灰霾、光化学烟雾污染的重要原因。同时，由于机动车大多数行驶在人口密集区域，其污染直接威胁民众健康。

3. 京津冀一体化进程日益深入

从中华人民共和国环境保护部（以下简称环保部）近年来发布的空气质量状况数据，河北省各设区市几乎“包揽”了空气质量较差城市的前 10 名，而天津和北京也时常处在前 15 名以内，可见，京津冀各地区的空气环境特点具有一定的相似性和较强的关联性。大量的观测分析和模式研究都表明，京津冀大气重污染主要是本地积累加上外地传输导致的。其中，京津冀三地自身的排放量大是最主要的因素，对 $PM_{2.5}$ 污染的贡献约为 70%。周边省市的区域传输对京津冀 $PM_{2.5}$ 污染的贡献约占 30%，其中影响最大的是山东、河南两省的污染排放。此外，山西、内蒙古和陕西的排放对京津冀 $PM_{2.5}$ 污染也有一定的贡献，但不是污染的主要原因。治理京津冀区域大气污染，有必要对京津冀及周边地区进行联防联控。

2014 年 2 月 26 日，习近平总书记在北京主持召开座谈会，听取京津冀协同发展工作汇报，强调将实现京津冀协同发展上升为重大国家战略。2014 年 3 月，“京津冀一体化”战略也首次被写进政府工作报告中。

为了应对严重的区域大气污染，国务院相继印发了《大气污染防治行动计划》和《京津冀及周边地区落实大气污染防治行动计划实施细则》。2015 年 12 月，京津冀三地环保厅局签订《京津冀区域环境保护率先突破合作框架协议》；2017 年 2 月，国家环保部印发了《京津冀及周边地区 2017 年大气污染防治工作方案》。

强化联防联控，共同改善区域生态环境质量。

由此可见，京津冀大气污染防治一体化已经成为京津冀一体化进程中不可或缺的重要组成部分，对于促进区域大气环境质量的改善具有重要作用。

二 研究目的与意义

机动车数量的迅速增长已导致城市环境空气污染从煤烟型向交通型转变，机动车尾气污染对城市环境空气质量的影响开始从潜在的威胁上升到突出问题，机动车排气污染防治也成为大气污染防治和重点污染物减排的重点。

本项目针对雾霾严重典型区域河北省的机动车污染现状，统计河北省机动车近年来的总量、车型结构及变化，结合多年来机动车尾气检测数据，分析评价河北省机动车污染排放现状及对大气环境质量的影响；调研机动车管理和用户需求等方面，以及政策执行遇到的问题和难点，借鉴欧、美、日等发达国家的先进经验，为河北省机动车污染控制精细化管理提供对策和建议，同时结合京津冀区域范围内的协同效应，提出区域机动车污染减排的对策措施，有效改善整个区域的大气环境质量。

三 研究内容和方法

1. 项目分析

河北省机动车保有量较大，位列全国第五，机动车排放污染物总量也逐年增加，河北省围绕京津，货运发达，过境机动车数量较多，尤其是周边省份运煤或运输其他货物的大货车由于超载等原因排放严重超标，同时京津冀的大气污染属于全国最严重的区域，令世界瞩目。我们力图通过该项目的研究，确实查清楚河北省机动车各类车辆的保有量及排放情况，以及省内长期使用的外地车辆和过境的机动车（主要是大货车）的排放情况，找出河北省机动车污染物排放总量对大气污染的贡献率，针对机动车污染的症结，研究污染防治的对策和措施，为行政部门制定机动车排放相关管理政策、编制机动车污染防治计划和规划提供技术支撑和数据支持，有助于系统地解决重点问题，分期分批进行污染减排，逐步实现减排的阶段性目标。

2. 项目实施的技术路线

项目实施的技术路线如图 1-1 所示。

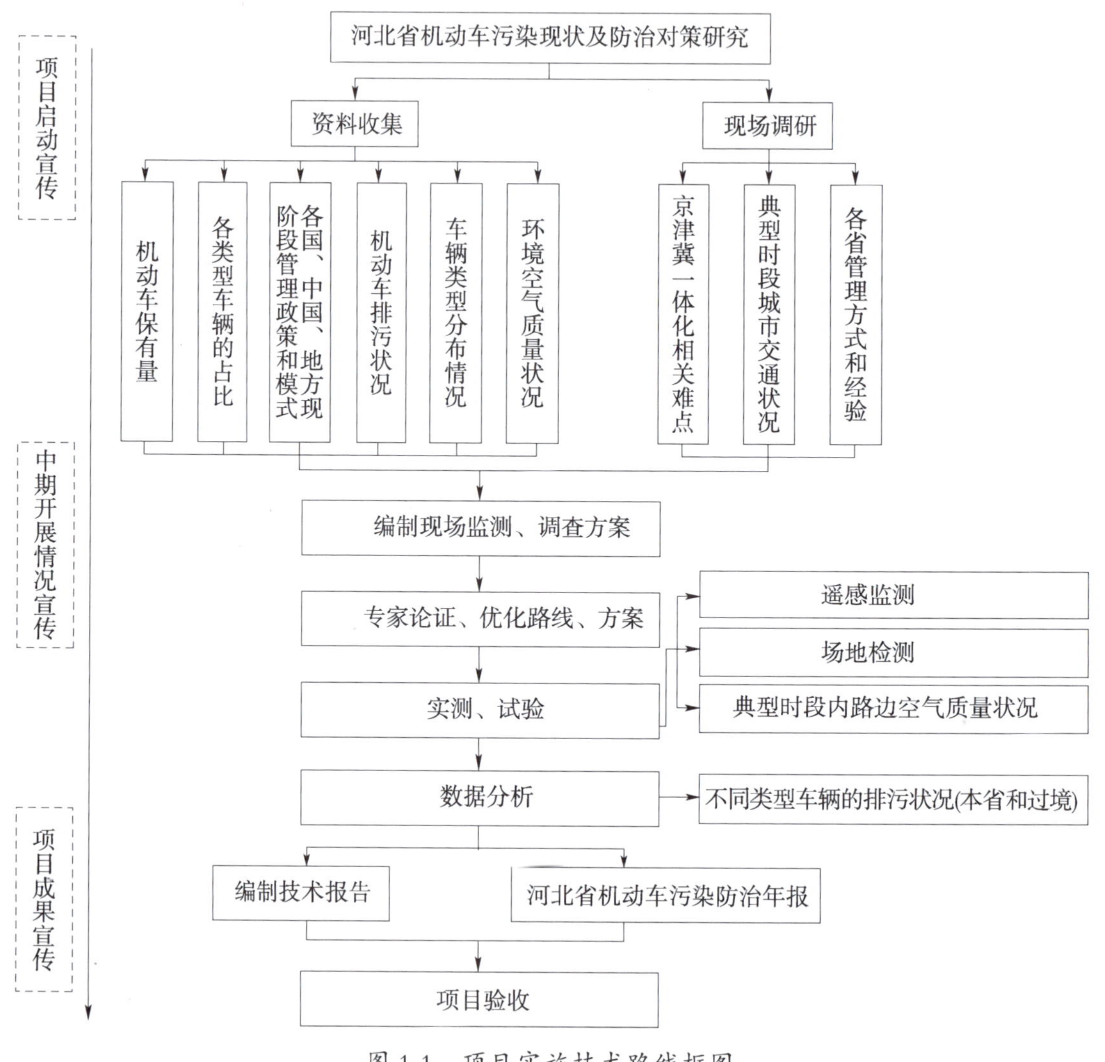

图 1-1　项目实施技术路线框图

3. 研究内容

①统计河北省 10 年来机动车保有量、分析不同车型的现状及变化趋势。

②搜集整理多年来机动车检测的数据，同时通过尾气遥感监测车的实测数据，分析不同车型、不同使用年限车辆的污染排放情况。

③通过对交通路口大气质量的实地监测，对比环境空气自动站监测数据，分析机动车尾气排放对环境空气质量的影响。

④根据排放因子，计算机动车尾气污染物的排污总量。

⑤对照分析我国和国外机动车污染控制管理法律、法规、制度、规范。调研机动车污染管理现状和存在的问题及难点。

⑥结合河北省机动车污染控制存在的问题，借鉴国外先进经验，提出符合河北省和京津冀区域实际情况的机动车污染控制的对策和建议。

4. 工作方法

（1）国内外机动车管理经验与案例总结

主要通过收集资料、文献查阅和现场考察等方式，梳理其在机动车排污管理方面的政策、措施、机构设置、经费保障和人员配置情况。

（2）河北省机动车污染排放清单及年报编制

①收集机动车年检信息，通过公安注册数据、行业协会统计或销售数据，掌握各地市机动车保有量、汽车的年均行驶里程、燃料类型、车龄情况，分析出各类型车辆的占比和分布情况。

②与交管部门合作，调查高速公路主要路段和地区过境河北省的车辆（重点关注外地货车）情况。

③利用机动车尾气遥感车和路检设备对机动车进行路检，结合场地检测，并选取代表性数据，对道路行进中的汽油车、柴油车排放状况进行统计。同时，利用空气自动监测车对典型时段内路边空气质量状况进行实测，分析主要交通干道上不同时段的机动车污染状况。

④通过对大量的场地和遥感监测数据、路检数据进行统计分析，利用环保部机动车排放因子进行计算，结合源解析工作，弄清楚机动车的实际排放数据和污染负荷的占比情况，以及外地货车对河北省污染的贡献。

（3）河北机动车污染防治对策研究

在对河北省机动车清单和各地市近三年环境空气质量状况分析的基础上，结合其他地区的管理方式和经验，考虑京津冀交通一体化的背景，提出河北省机动车污染防治对策，出台《2018—2020 年河北省柴油货车污染防治工作计划（实施方案）》。

（4）项目宣传

从项目启动、中期、验收等时段安排 4 期集中宣传，在各地实测的同时向车主和群众发放宣传资料。

四 项目目标

①建立河北机动车污染排放清单（包括过境和外地货车）；

②发布河北省机动车污染防治年报；

③摸清河北省机动车污染排放特征；

④提出河北省机动车污染防治控制对策或建议，支持并推动管理部门出台《2018—2020 年河北省柴油货车污染防治工作计划（实施方案）》。

五 小结

河北省及京津地区大气污染严重，机动车排放污染日益突出，机动车排气污染防治已成为大气污染防治和重点污染物减排的重点。本项目的研究内容非常必要，项目组将按照科学的技术路线和工作方法，完成既定的目标。

第二章　河北省大气污染状况及成因分析

一　大气污染的整体状况

环保部 2017 年 1 月 20 日发布“2016 年全国空气质量状况”。第一批实施空气质量新标准的 74 个城市中，空气质量相对较差的前 10 位城市分别是衡水、石家庄、保定、邢台、邯郸、唐山、郑州、西安、济南和太原，其中河北省占 6 个城市。2015 年，同样是 74 个城市空气质量排名最差的 10 个城市中，河北省有保定、邢台、衡水、唐山、邯郸、石家庄、廊坊 7 个城市“上榜”。

环保部表示，2016 年全国环境空气质量形势总体向好，城市颗粒物浓度和重污染天数持续下降。但是北方地区冬季污染依然较重，从监测数据分析，3~10 月份空气质量相对较好，重污染天气多出现在冬季，特别是北方地区进入采暖期后的时段。其中，京津冀区域 11 月 15 日 ~12 月 31 日，$PM_{2.5}$ 平均浓度为 135μg/m^3，是非供暖期浓度的 2.4 倍，仅 12 月份就发生了 5 次大范围空气重污染过程。京津冀及周边地区大气环境质量同比有所改善，但仍是我国大气污染最重的区域。

2015 年 1~12 月河北省达标天数 190 天，为全年天数的 52.1%，比 2014 年增加了 38 天，达标率升高 10.5 个百分点。全省 $PM_{2.5}$ 平均浓度为 77μg/m^3，比 2014 年降低了 18.9%，比 2013 年降低了 28.7%，超额完成 $PM_{2.5}$ 浓度下降 8% 的年度目标，提前两年达到国家要求河北省到 2017 年消减 25% 的目标；PM_{10}、SO_2、NO_2 平均浓度比 2014 年分别降低了 17.6%、25%、3.6%，CO、O_3 平均浓度与 2014 年持平。

2016 年一季度，全省空气质量综合指数平均为 7.73，较 2015 年同期的 9.39

下降了 17.7%；达标天数为 53 天（共计 91 天），占一季度总天数的 58.2%，与 2015 年同期相比增加 20 天。$PM_{2.5}$、PM_{10}、SO_2、CO、NO_2、O_3（8h）全省平均浓度分别为 76mg/m^3、129mg/m^3、52mg/m^3、1.8mg/m^3、55μg/m^3、67μg/m^3，分别比 2015 年同期下降了 22.4%、27.1%、25.7%、21.7%、−3.8%、−42.6%，其他指标都有所下降，NO_x 和 O_3 浓度升高，主要是汽车尾气污染增加，以及挥发性有机化合物（VOCs）排放持续增加。

二 大气污染成因分析

1. 宏观层面

以重化工为主的产业结构，不合理的产业布局，以煤为主的能源结构，以及机动车保有量的快速增长，生活方式等方面，使得目前河北省大气污染物的排放总量，远超过环境承载能力。这是大气环境质量不尽如人意、重污染天气频发的根本原因。

京津冀区域国土面积虽然只占全国面积的 2%，但 2014 年常住人口却占全国人口的 8%，煤炭消费占全国总消耗量的 9.2%，单位面积 SO_2、NO_x、烟粉尘排放量分别约为全国平均水平的 3 倍、4 倍和 5 倍。在冬季采暖期间，京津冀主要城市的 SO_2 日排放量比年均水平增加近 1 倍，$PM_{2.5}$ 增加 50% 左右，NO_x 和 PM_{10} 增加 20% 左右，VOCs 增加 10% 左右。冬季采暖期间京津冀本地污染物排放强度大，是重污染天气高发的主要原因，一旦气象条件不利，就可能形成重污染。

2. 中观层面

每个城市由于它的产业结构、能源结构，还有发展的阶段不同，所处的地形、地貌和大气扩散条件也不同，所以在不同城市之间导致污染的成因也存在着比较大的差异。

机动车污染方面，北京市和上海市机动车相对占比较重，达到 30% 左右；石家庄市机动车污染占比 15% 左右。在燃煤污染方面，石家庄市燃煤占到了

28.5%，北京市和上海市分别占到了 22.4% 和 13.5%。

地形、地貌和大气扩散条件的影响也不容忽视，石家庄市背靠太行山，扩散条件差，城市热岛效应明显，衡水、邢台等市地处低洼地带和气流传输通道末端，气团容易集聚不易扩散。

3. 微观层面

大气污染物在空气中有十分复杂的化学反应，而且生成大量的二次颗粒。各地排放污染物的种类差异较大，尤其是 VOCs 的排放，因此，二次污染物形成的条件有很大的差异。

2016 年 12 月 21 日，中德两国研究人员破解了北京市及华北地区雾霾最主要组分硫酸盐的形成之谜，发现在大气细颗粒物吸附的水分中，NO_2 与 SO_2 的化学反应是当前雾霾期间硫酸盐的主要生成路径。这一发现，凸显在继续实施减排措施的同时，优先加大 NO_x 减排力度对缓解空气污染问题的重要性。

伦敦酸雾通常被认为是由燃煤排放的烟尘以及 SO_2 等一次污染物所致。洛杉矶雾霾则是一种光化学污染，主要原因是机动车尾气在阳光作用下反应生成了二次污染物。而中国的雾霾是一次与二次污染物混合造成的。

这种复合型污染的特殊性更加表明了多污染物协同减排的重要性，尤其是现阶段应优先加大 NO_x 减排力度。

三 机动车排放污染占比情况

从 2013 年起，我国各地陆续开展大气污染源解析工作。各地市研究报告显示，燃煤、机动车、工业生产、扬尘等是当前我国大部分城市环境空气中颗粒物的主要污染来源，约占 85%~90%。

从河北省各地的 $PM_{2.5}$ 源解析结果（图 2-1）中可以看出，机动车带来的污染程度直逼工业和燃煤，污染占比在 10%~27% 之间，在各大污染源中占比相对较高，其中最高的是张家口 27%，在污染源中排第一位。

随着河北省产业结构的不断调整，企业 $PM_{2.5}$ 排放量在污染总量中所占比例将会不断降低；相反，随着机动车保有量不断增加，机动车 $PM_{2.5}$ 排放量在污染物总量中所占比例将会不断升高。

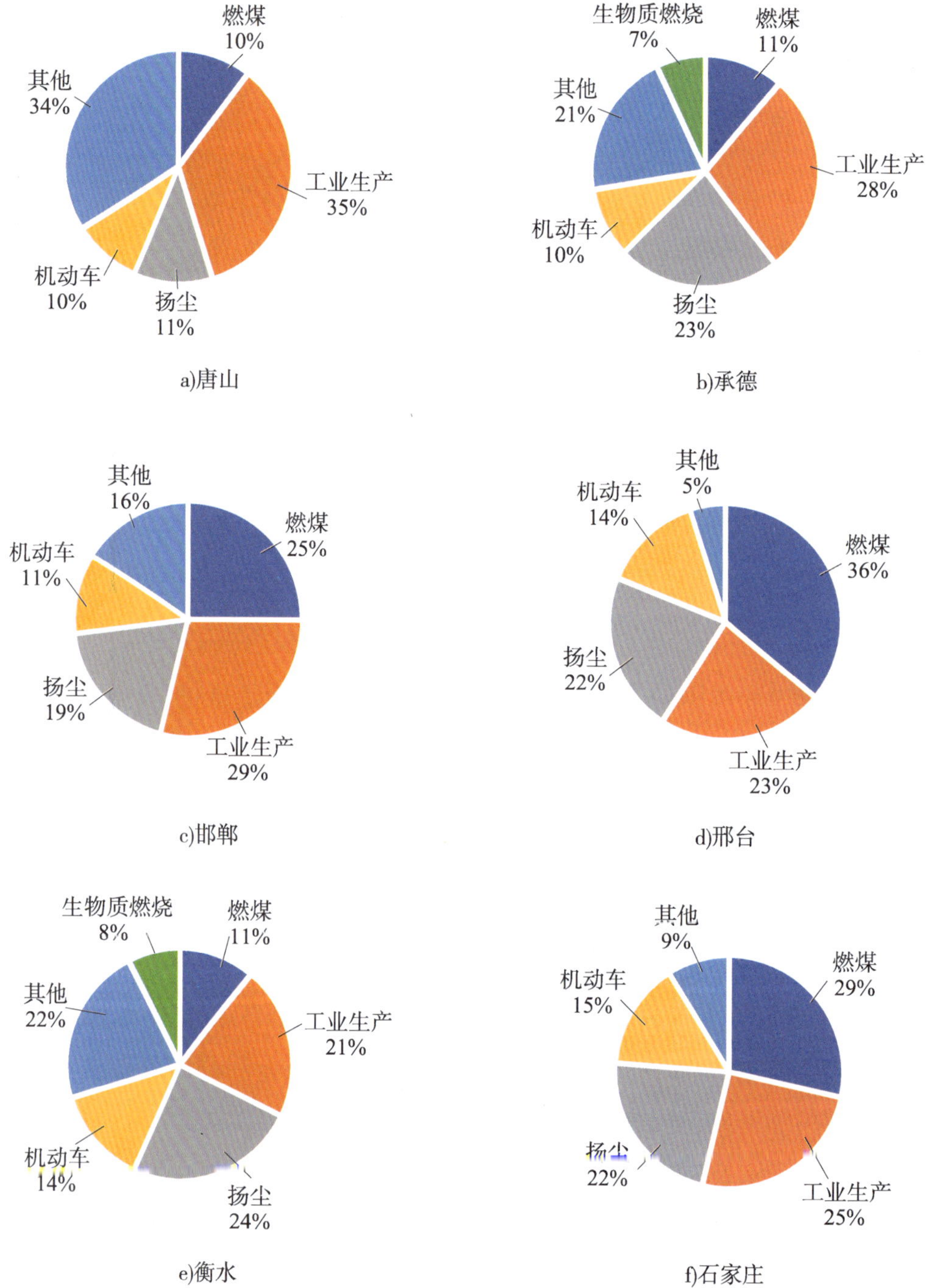

图 2-1

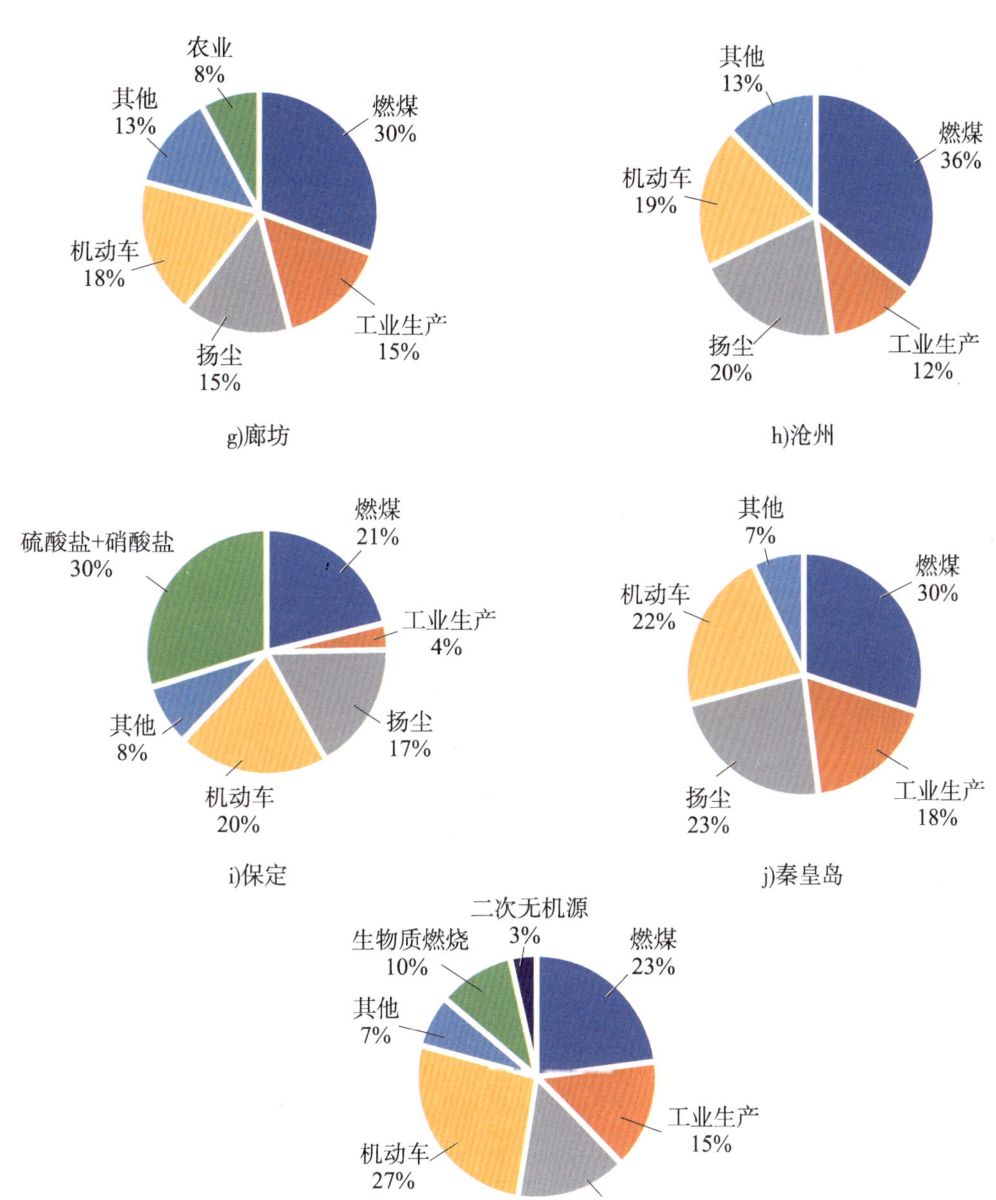

图 2-1 河北省 11 个设区市 $PM_{2.5}$ 源解析结果

各地区由于工业分布和污染源不同，雾霾的治理重点和治理举措也应大不相同。应该对本区域内多年采集的各种大气污染数据进行大数据分析，比如北京市的大气污染监测数据中 SO_2 数值极低，而 NO_x、CO 含量偏高，说明北京市的污染主要是 NO_x 超标，主要来源是汽车的尾气排放，所以治理重点是车辆控制、油品升级和尾气检测；而张家口市春秋两季 PM_{10} 明显高于其他地区，说明扬沙天气在起作用，应着手于植树造林，防风控沙工作；而河北省的保定市、石家庄市，通常却是 $PM_{2.5}$ 和 SO_2 的数值偏高（特别是冬季采暖季节），这说明这些地区含硫的石化燃料燃烧污染较重，治理重点在于对分布广泛的中小型排污企业的管控和对石化类燃料的替代改进工作。通过对辖区内各区县多年的 $PM_{2.5}$、PM_{10} 和 NO_x、SO_2、VOCs、O_3 等原始数据进行分析和整理，总结出特定区域内一年四季的污染源曲线变化规律、叠加效应和区间影响，将有助于找到各区县污染的源头重点，为精准治霾，各地联防联动治霾提供有效的决策参考。

四 小结

产业结构、产业布局、能源结构、发展阶段、自然地形和扩散条件和复杂气体排放与化学反应是造成河北省雾霾频发的主要原因。近年来，河北省大气污染物浓度总体呈下降趋势，但 NO_x 和 O_3 浓度升高，主要是汽车尾气污染增加，以及 VOCs 排放持续增加。河北省各地的源解析结果机动车污染占比在 10%~27% 之间，复合型污染表明了多污染物协同减排的重要性，尤其是现阶段应优先加大 NO_x 减排力度，同时根据不同城市的污染特点有的放矢。

第三章　河北省机动车污染现状

一　机动车保有量分析

（一）保有量变化趋势（2006~2015 年）

在 2006~2015 年间，河北省机动车保有量呈逐年递增趋势，据《2015 年中国机动车污染防治年报》统计，河北省汽车保有量位列全国第五，截至 2015 年底，河北省机动车保有量达 1778 万辆，比 2006 年增长近 1 倍，汽车总量的占比已达 69%。近两年，机动车数量以年均 100 多万辆的速度迅猛增长。2006~2015 年间河北省历年机动车保有量变化情况，如图 3-1 所示。

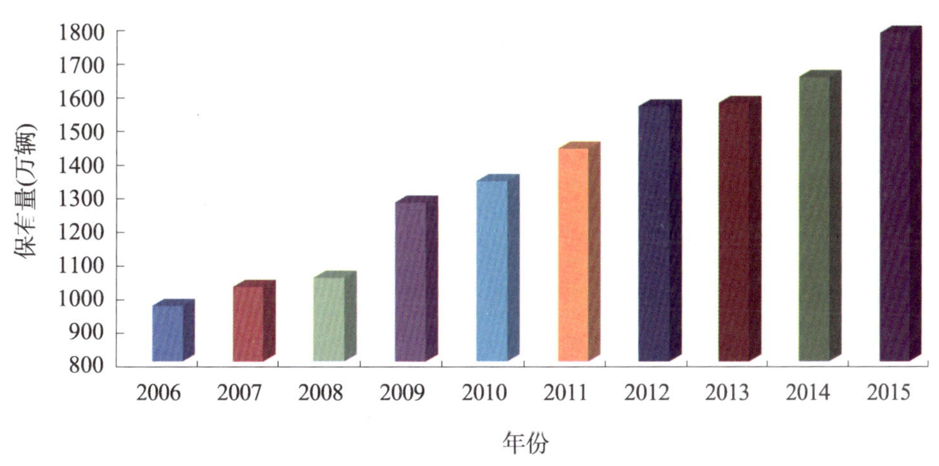

图 3-1　2006~2015 年河北省机动车保有量

（二）保有量类型变化（2006~2015 年）

数据显示，在 2006~2015 年间，河北省机动车构成比例发生了根本改变，汽车取代摩托车成为机动车构成主体。2006 年，河北省机动车保有量为 956 万辆，其中摩托车 486 万辆，占 51%；汽车 302 万辆，占 32%。十年来，随着经济的发展，人民群众生活水平迅速提高，汽车进入千家万户，摩托车逐步被取代。2014 年，机动车保有量 1521 万辆，其中汽车占 65.4%，摩托车占 21.2%，拖拉机占 10.8%，挂车占 2.6%。2015 年，机动车保有量为 1778 万辆，其中摩托车不足 300 万辆，占 18%；汽车已超过 1137 万辆，占 69%。2006~2015 年河北省机动车保有量构成如图 3-2 所示。

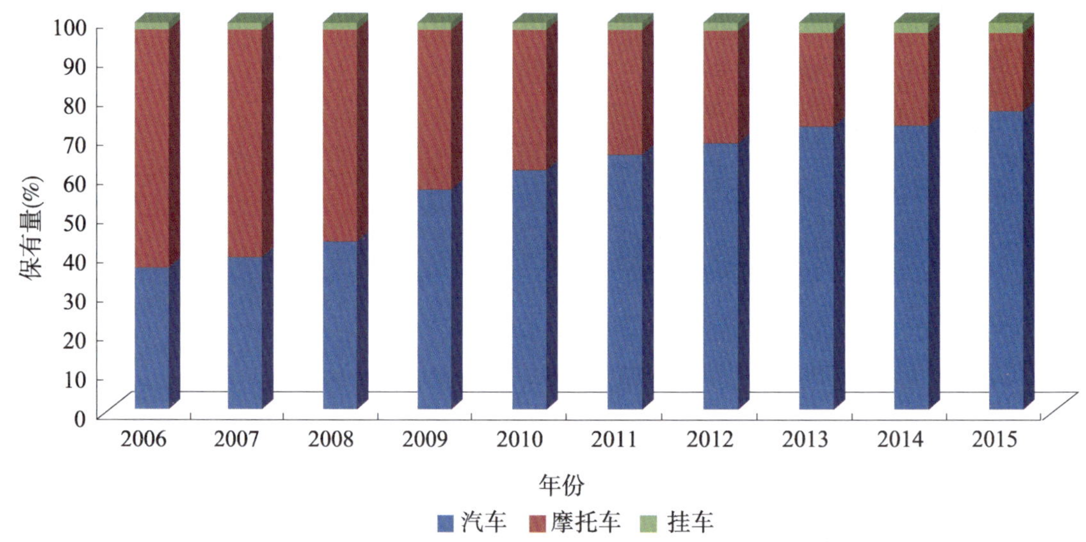

图 3-2　2006~2015 年河北省机动车保有量构成图

2006~2015 年间，河北省机动车保有量以每年平均 7.3% 的增长率增加，平均每年增加 91 万辆。其中，汽车保有量增加了 835 万辆，平均每年增加 92 万辆，年平均增长率为 16.7%；挂车保有量增加了 29 万辆，年平均增长率为 14.5%；摩托车保有量减少了 186 万辆，平均每年减少 21 万辆，平均递减率为 5.1%。

（三）车型统计分析

1. 微型车、小型车、中型车、重型车占比

本项目在研究中，按质量大小将汽车划分为微型车、小型车、中型车和重型车四大类。微型车是指发动机排量小于 1L 的 M1 类、M2 类和 N1 类车辆，小型车是指最大总质量不超过 3.5t 的 M1 类、M2 类和 N1 类车辆［M1 类、M2 类和 N1 类车辆是按《机动车辆及挂车分类》（GB/T 15089—2001）定义的］，

中型汽车是指最大总质量为3.5~8t之间的车辆，包括载货汽车和载客汽车；重型汽车指最大总质量大于8t的汽车，包括载货汽车和载客汽车。

截至2015年年底，河北省汽车保有量的1137万辆中，包含微型车21.9万辆、小型车1047.1万辆、中型车7.1万辆、重型车60.9万辆。微型车、小型车、中型车、重型车的占比分别为1.9%、92.1%、0.6%和5.4%，如图3-3所示。

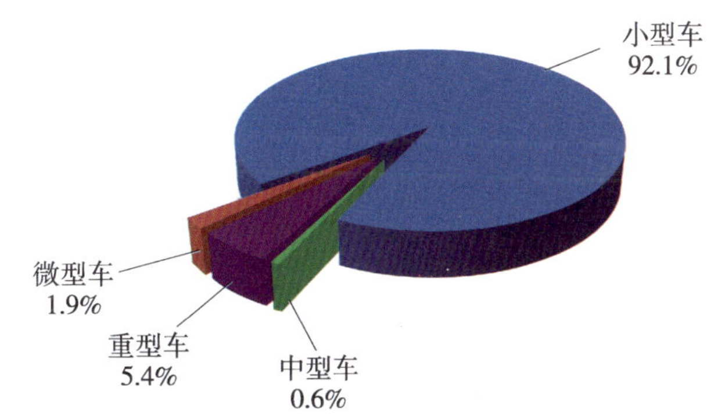

图3-3 2015年底按车辆大小划分的汽车保有量分析图

2. 不同燃料类型机动车构成及变化分析

截至2015年年底的汽车保有量中，汽油车占88%；柴油车占12%，其中，轻型柴油车占7%，重型柴油车占5%。按燃料类型划分的汽车保有量构成，如图3-4所示。

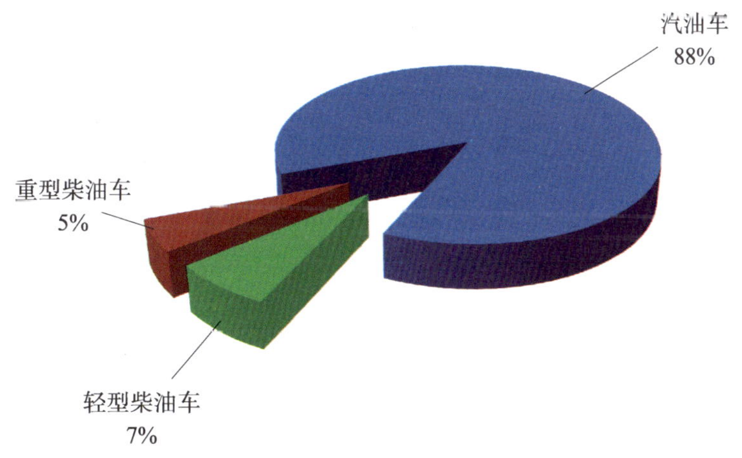

图3-4 2015年底按燃料类型划分的汽车保有量构成图

2015年，河北省淘汰黄标车20.97万辆，2013~2015年共淘汰黄标车109

万辆，老旧车38万辆。机动车环保合格标志发放率达到85%。累计推广新能源汽车21323辆，建成充电站88个，充电桩3333个。

3. 按国家排放标准划分的汽车保有量分析

按照2015年底的汽车保有量统计，国Ⅰ标准的汽车占3.4%；国Ⅱ标准的汽车占5.7%；国Ⅲ标准的汽车占34.9%；国Ⅳ标准的汽车占48%；国Ⅴ及以上标准的汽车占8%。按排放标准划分的汽车保有量构成，如图3-5所示。

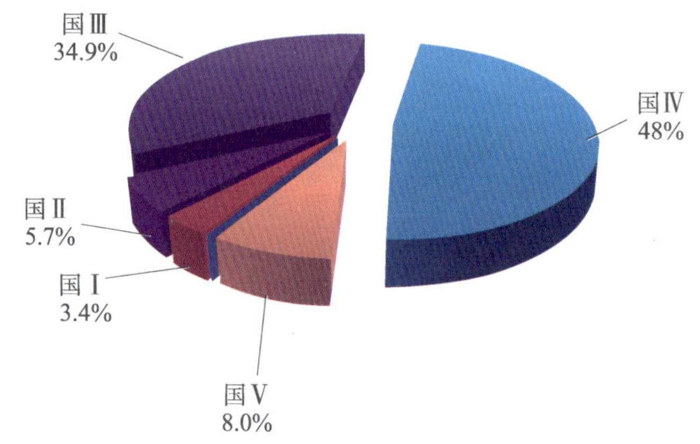

图3-5　2015年底按排放标准划分的汽车保有量构成图

按排放标准划分的2011~2015年汽车保有量构成比例变化，如图3-6所示。

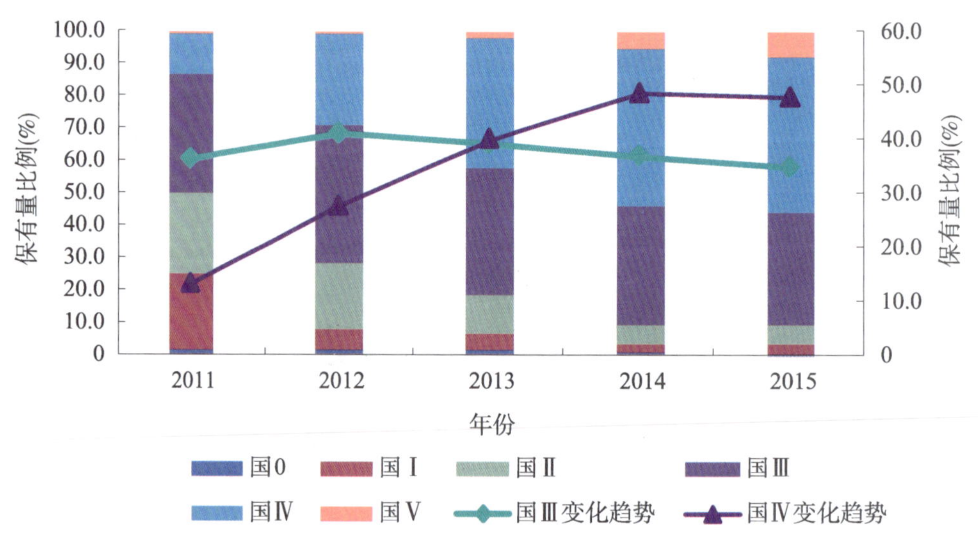

图3-6　2011~2015年不同排放标准汽车保有量比例变化图

由2011~2015年不同排放标准汽车保有量的变化可以看出，占主导地位的由国Ⅱ、国Ⅲ逐步过渡到国Ⅲ、国Ⅳ，尤其是国Ⅳ比例增加很快，超过了一半的比例，国Ⅴ及以上的占比从 2012 年的 0.001% 增加到了 2015 年的 8%，国Ⅱ及以下的车辆占比不足 10%，车辆的排放有了较大的改善。

4. 非道路车辆保有量情况

除上述道路行驶机动车外，还存在厂矿、机关、团体、学校、码头、生产作业区、施工现场等企事业区域内使用运行的机关车辆，我们称之为非道路移动车辆，主要用于运输作业、搬运作业以及工程施工作业等。

非道路移动车辆保有量非常大，据统计 2014 年河北省联合收割机保有量 12.8 万辆，农用运输车 272 万辆，且大部分车辆非道路行驶使用。其他厂内运输车、叉车等合计约 20 万辆。很多车辆设备是重负荷工况下作业，排放废气等污染物在所难免。

（四）机动车平均行驶里程

根据河北省各市的统计，2010~2016 年，河北省重型载货汽车的年均行驶里程呈逐年上升的趋势，年增长率约为 12.9%。2010~2015 年，大型载客汽车的年均行驶里程逐年上升，但 2016 年比 2015 年下降了 14%。

从图 3-7 可以看出，载客汽车中、小型营运和微型营运年均行驶里程最多，

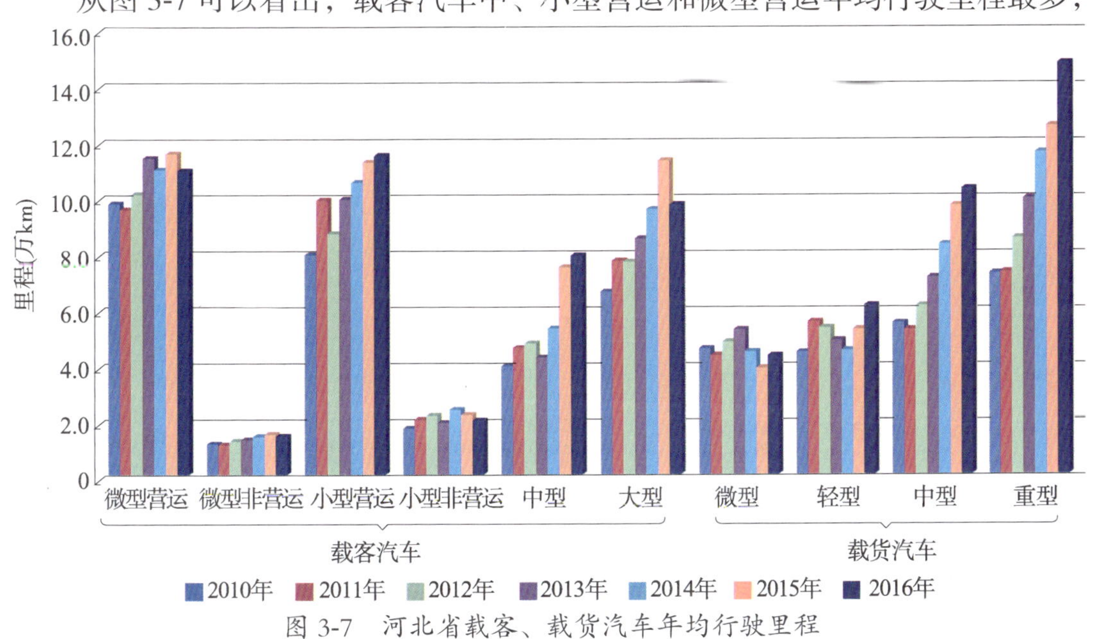

图 3-7 河北省载客、载货汽车年均行驶里程

分别为 11.5 万 km 和 11 万 km（2016 年数据），其次为大型载客汽车和中型载客汽车，非营运的微型、小型汽车年均行驶里程最少，约是营运的微型、小型汽车的七分之一。2016 年的数据显示大型载客汽车年均行驶里程最高为 9.7 万 km，比中型载客汽车多出 1.8 万 km，非营运的微型、小型汽车的年均行驶里程分别为 1.39 万 km、1.95 万 km。

载货汽车中年均行驶里程排名第一的为重型货车，微型货车排名最后。2016 年的数据显示，重型货车年均行驶里程 14.8 万 km，比排名第二的中型货车增加约 4.5 万 km，比排名垫底的微型货车多出 10 万 km（见图 3-7）。

二 机动车污染物总量排放状况

（一）各项污染物排放总量情况

据《2015 年中国机动车污染防治年报》统计，在汽车保有量方面，河北省位列全国第五，机动车各项污染物排放总量位于第二。

2014 年，河北省机动车四项污染物排放总量为 346.0 万 t，其中 CO 为 250.0 万 t，占全国的 7.3%；碳氢化合物（HC）为 32.0 万 t，占全国的 7.5%；NO_x 为 59.5 万 t，占全国的 9.5%；PM 为 4.5 万 t，占全国的 7.8%。汽车是污染物排放总量的主要贡献者，其排放的 CO 和 HC 超过 80%，NO_x 和 PM 超过 90%。

（二）NO_x 排放量情况

2015 年河北省机动车 NO_x 排放量前五的城市依次为沧州市、保定市、石家庄市、唐山市、邯郸市。

2011 年全省排放量 180 万 t，其中机动车排放 56 万 t，占 31%；2012 年全省排放 176 万 t，其中机动车排放 54 万 t，占 30.6%；2013 年全省排放 165 万 t，机动车排放 52 万 t，占 31.5%；2014 年全省排放 151 万 t，机动车排放 49 万 t，占 32%。2015 年全省排放 135.08 万 t，机动车排放 47.31 万 t，占 35%。

根据《2014 年中国环境状况公报》数据，全国废气中 NO_x 排放总量中机动车排放量占比为 31.7%。由此可以看出，2011~2015 年河北省 NO_x 排放量和

机动车 NO_x 排放量均呈逐年下降的趋势，但机动车 NO_x 排放量的占比却是逐年上升的趋势，2014 年高出了全国平均水平（图 3-8、图 3-9）说明机动车尾气排放污染贡献率不容忽视。

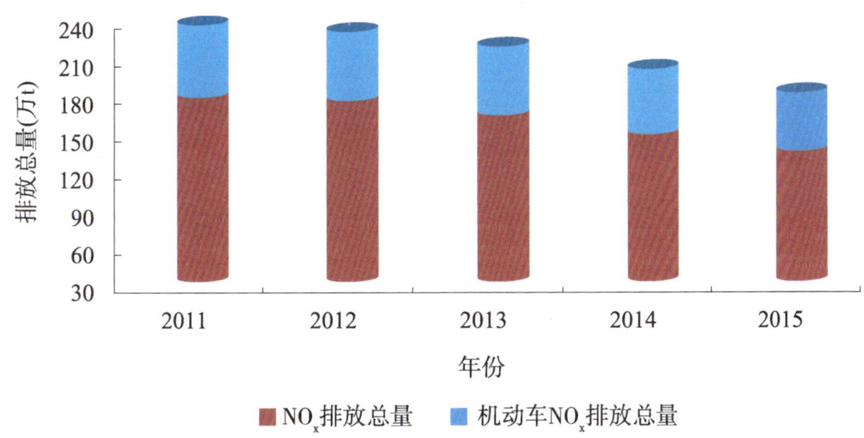

图 3-8　2011~2015 年河北省 NO_x 排放量情况

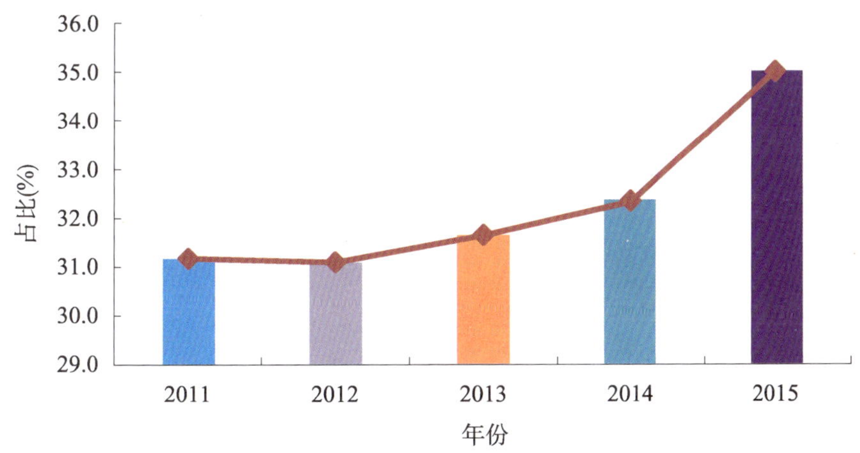

图 3-9　2011~2015 年河北省机动车 NO_x 排放量占比趋势

对河北省 11 个设区市 NO_x 排放量分析，“十二五”期间，唐山市、邯郸市、秦皇岛市、承德市、廊坊市、邢台市 NO_x 排放量逐年减少，呈下滑趋势，但石家庄、保定、沧州、衡水、张家口等市出现反弹现象，如图 3-10、图 3-11 所示。

2012~2014 年期间，石家庄市和沧州市在机动车保有量上涨的同时均出现了排放量不升反降的情形，主要与河北省实施黄标车淘汰有关，以石家庄为例，2013~2015 年一共淘汰了 15.1 万辆黄标车，虽然数量占比不大，但一辆黄标车的排放量相当于十几辆甚至几十辆绿标车。2013 年石家庄市完成淘汰黄标车 9.8 万辆，2014 年淘汰 5.3 万辆，2015 年全面淘汰了黄标车。因此，2013~2014 年降幅明显，2015 年又有小幅上涨，这是因为机动车数量增长较快，增长了大约 30 万辆，如图 3-12 所示。

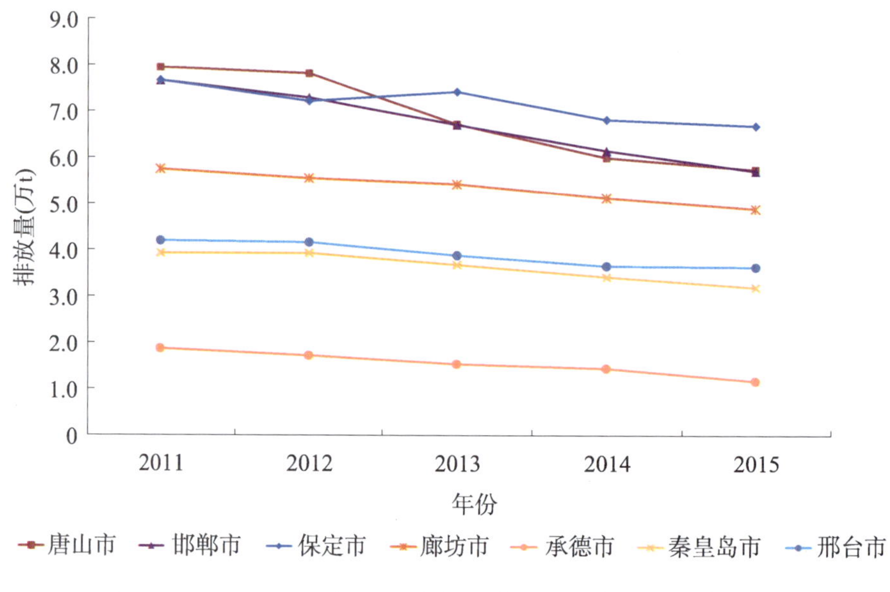

图 3-10 2011~2015 年河北省机动车 NO_x 排放量下降的城市

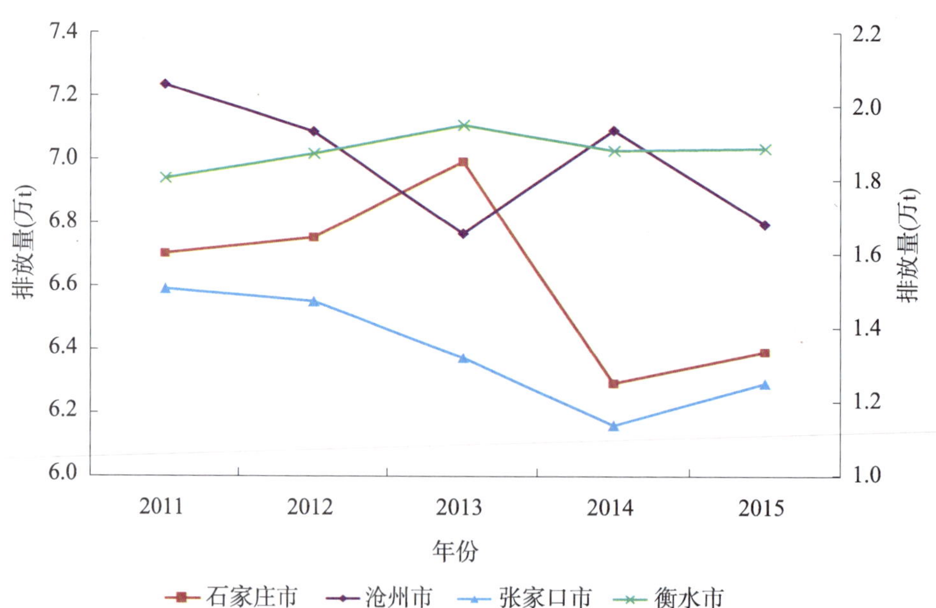

图 3-11 2011~2015 年河北省机动车 NO_x 排放量波动的城市

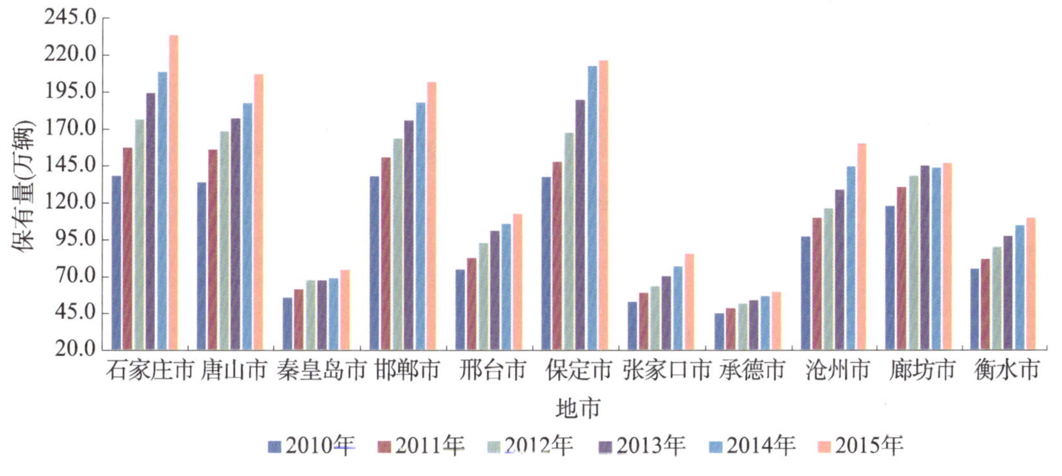

图 3-12 2011~2015 年河北省各设区市汽车保有量

（三）各类车型污染物排放量分析

按照载客汽车（微型载客汽车、小型载客汽车、中型载客汽车、大型载客汽车）、载货汽车（微型载货汽车、轻型载货汽车、中型载货汽车、大型载货汽车）、低速汽车（三轮汽车、低速货车）、摩托车（普通摩托车、轻便摩托车）的类别，对 2015 年河北省机动车各种车型保有量进行统计分析，河北省小型载客汽车、普通摩托车、轻型载货汽车、重型载货汽车排名前四，占比分别为 54.6%、23.0%、6.8% 和 3.5%，如图 3-13 所示。

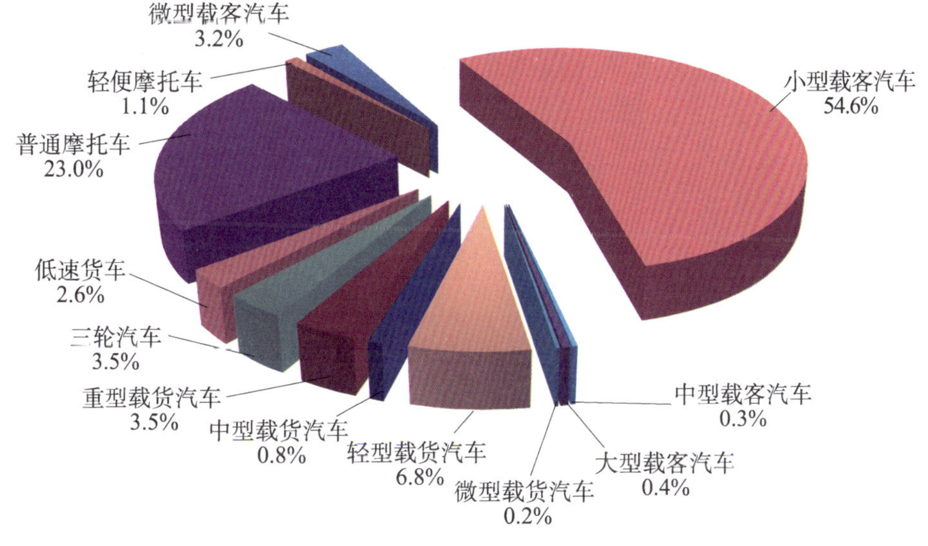

图 3-13 2015 年河北省机动车各种车型保有量比例

1. 各类车型 CO 排放量

根据河北省各类车型 CO 排放量统计如图 3-14 所示，小型载客汽车和重型载货汽车排放量最大，数量占比 55% 小型载客汽车，CO 排放量 97.2 万 t，占全部 CO 排放量的 38.1%；尤其是重型载货汽车，数量占比仅为 4%，排放占比却高达 26.8%。

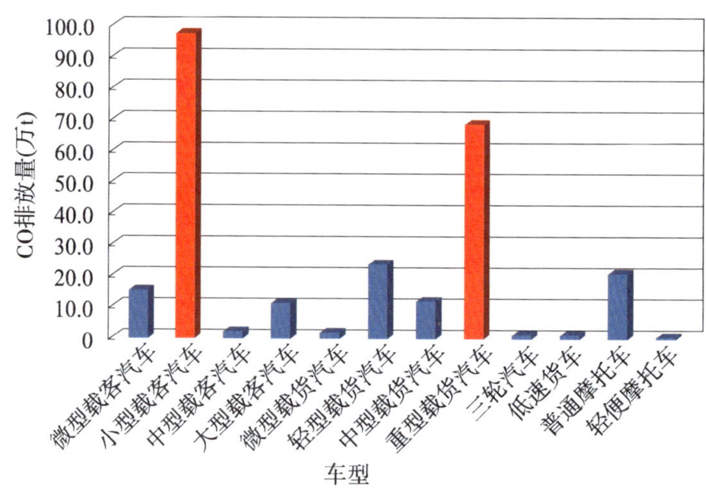

图 3-14　河北省各种车型 CO 排放量

2. 各类车型 NO_x 排放量

根据河北省各类车型 NO_x 排放量统计如图 3-15 所示，重型载货汽车和大型载客汽车排放量最大，重型载货汽车尤为突出，排放占比高达 60.8%，远远高出排名第二的大型载客汽车 10.1% 的排放量。

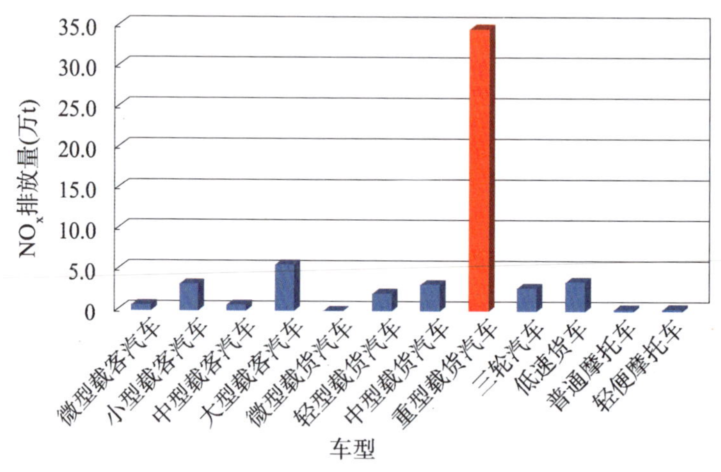

图 3-15　河北省各种车型 NO_x 排放量

3. 各类车型 HC 排放量

根据河北省各类车型 HC 排放量统计如图 3-16 所示，重型载货汽车和小型载客汽车排放量最大，数量占比 55% 小型载客汽车，HC 排放占全部 HC 排放量的 27.8%，数量占比仅为 4% 的重型载货汽车，排放占比高达 32.3%。

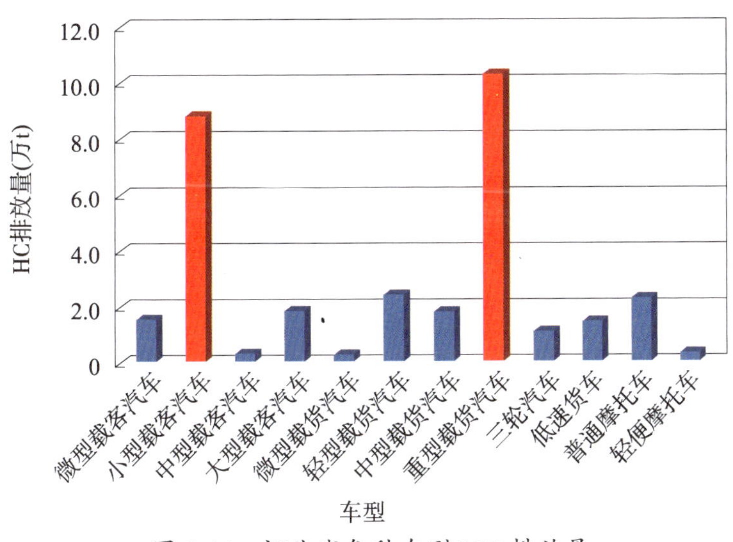

图 3-16 河北省各种车型 HC 排放量

4. 各类车型 PM 排放量

根据河北省各类车型 PM 排放量统计如图 3-17 所示，重型载货汽车异军突起，排放占比高达 70.9%，排名第二～第四的大型载客汽车、轻型载货汽车、低速货车三种类型车辆排放量总和占比不超过 20.0%。

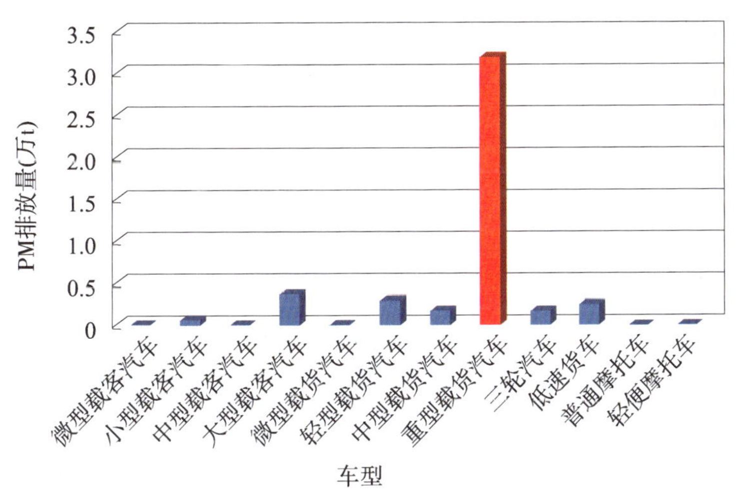

图 3-17 河北省各种车型 PM 排放量

（四）非道路机械排放量分析

根据研究结果，欧洲非道路移动车辆柴油机年 PM 排放占柴油机动车总量的 50% 以上，我国相关调查表明，非道路移动机械年 PM 排放总量相当于机动车排放总量的 47.8%（2010 年），到了不可忽视的程度。

我国目前处于发展阶段，为了经济效益，非道路移动车辆设备往往连续长期高强度作业，且设备管理水平较低，维护状态也一般较差，在野外施工及厂内使用中往往也无人监管。除了一些班车、汽车起重机、随车起重机、混凝土泵车、混凝土搅拌运输车等具有底盘的道路工程机械需要上牌照接受尾气检验以外，在 30 大类工程机械设备中，大部分设备的环保问题都处于无人监管的状态。

三　在用机动车污染物排放状况

（一）道路交通流量情况

1. 重点城区的主要交通路口流量情况

项目组对河北省石家庄、唐山、保定、邯郸 4 个代表性城市的主要交通路口的车流量进行了调查和分析。

2015 年石家庄市公路通车里程 1.88 万 km，“十二五”期间，通车里程增长了 4200km。石家庄市城区车流量最大的路口是南二环富强大街口，早晚高峰时段均达到了 10000 辆 /h 以上，其次是北二环中华大街东、南二环红旗大街、西二环新石中路，这些路口早晚高峰车流量也在 7000 辆 /h 左右，由此可见石家庄市城区二环和快速路的车流量相对较大，而一环路内的车流量在 2000 辆 /h 左右（图 3-18）。根据滴滴出行发布的《2016 上半年中国城市交通出行报告》，石家庄市区日平均车速约为 20.28km/h，拥堵程度超越北上广，位列全国城市第一。

2015 年，唐山市公路通车里程 1.80 万 km，“十二五”期间，通车里程增长了 3800km。唐山城区主要路口的车流量在 5000 辆 /h 左右，最大的路口是建设路新华道达 6662 辆 /h（图 3-19）。唐山市区日平均车速分别为 23km/h。

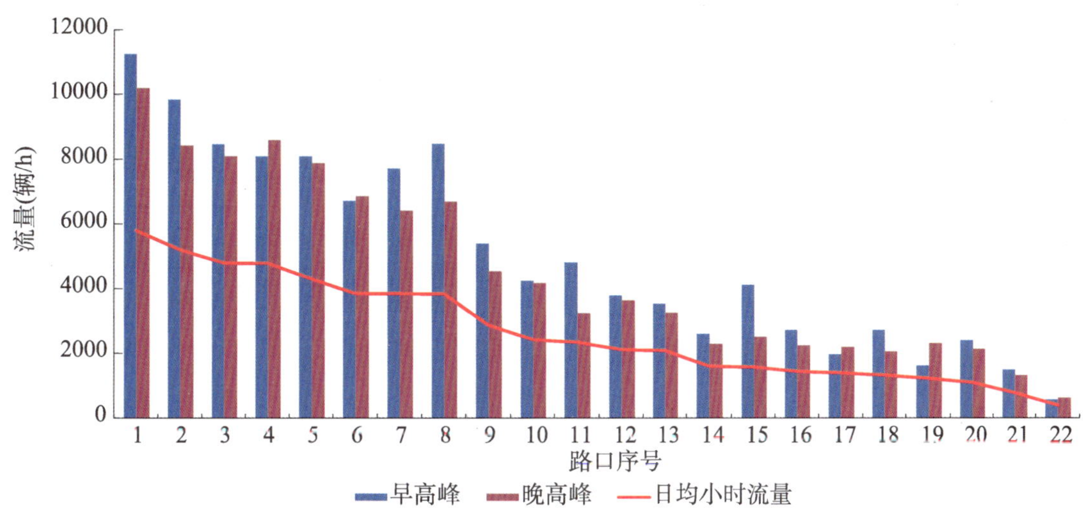

图 3-18 石家庄市区路口流量统计

1- 南二环富强大街；2- 北二环中华大街东；3- 南二环红旗大街东；4- 南二环汇祥路桥上；5- 东二环学苑路北；6- 南二环谈固东街西；7- 西二环建国路南；8- 西二环新石中路；9- 中华北大街联盟路；10- 体育大街和平高架；11- 北二环沿东街；12- 北二环谈固北大街东；13- 和平路育才街；14- 槐安路建设大街；15- 槐安路翟营大街高架桥；16- 裕华路东二环；17- 裕华路青园街；18- 友谊大街裕华路；19- 裕华路站前街；20- 裕华路西二环；21- 自强路中国大酒店；22- 翟营大街裕华路

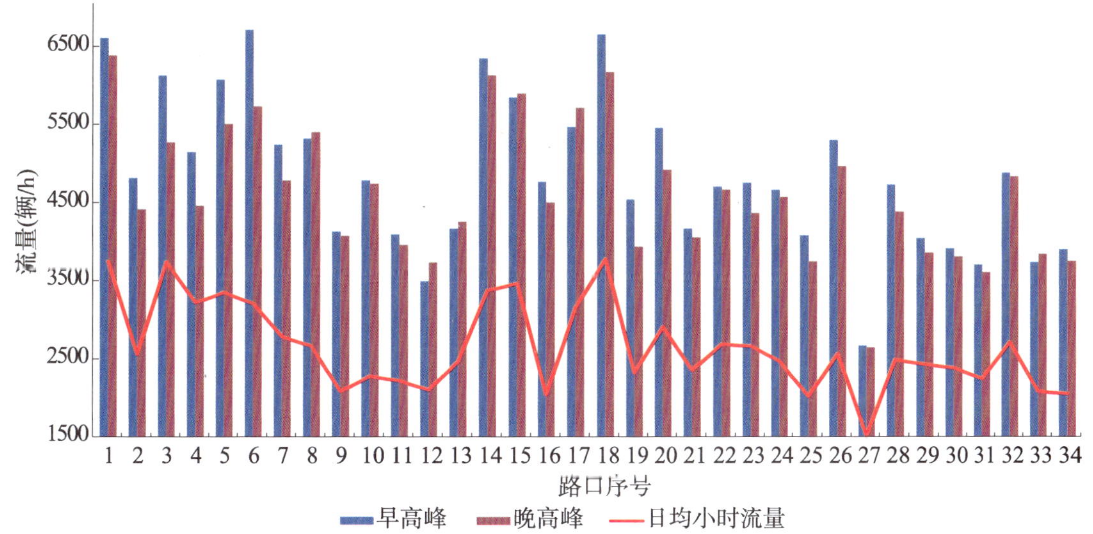

图 3-19 唐山市区路口流量统计

1- 北新道—建设路；2- 北新道—龙泽路；3- 北新道—卫国路；4- 北新道—学院路；5- 北新道—友谊路；6- 北新道—站前路；7- 长宁道—龙泽路；8- 长宁道—卫国路；9- 长宁道—学院路；10- 长宁道—友谊路；11- 建华道—缸窑路；12- 建华道—河西路；13- 建华道—龙泽路；14- 建设路—长宁道；15- 建设路—建华道；16- 建设路—龙华道；17- 建设路—南新道；18- 建设路—新华道；19- 南新道—车站路；20- 南新道—复兴路；21- 南新道—卫国路；22- 南新道—学院路；23- 南新道—友谊路；24- 翔云道—卫国路；25- 翔云道—学院路；26- 翔云道—友谊路；27- 新华道—滨河路；28- 新华道—车站路；29- 新华道—卫国路；30- 新华道—文化路；31- 新华道—学院路；32- 新华道—友谊路；33- 新华道—站前路；34- 兴源道—卫国路

2015 年，保定市公路通车里程 2.20 万 km，“十二五”期间，通车里程增长了 3900km。保定市城区主要路口的车流量在 4000 辆 /h 左右，最大的路口是恒祥大街北二环达 5055 辆 /h（图 3-20）。保定市区日平均车速为 30km/h。

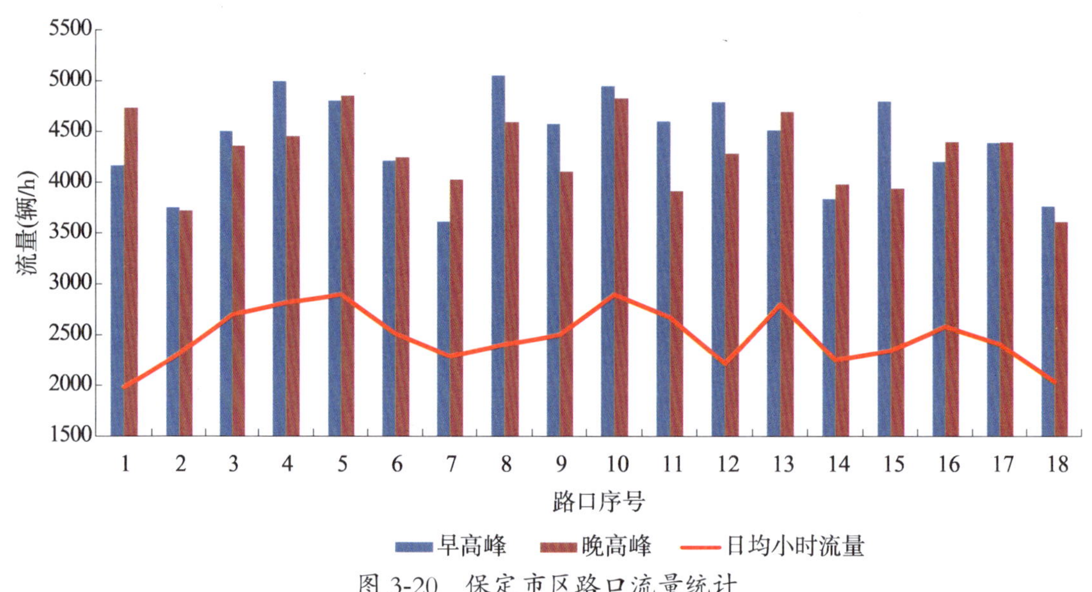

图 3-20　保定市区路口流量统计

1- 朝阳大街—北二环；2- 朝阳大街—复兴路；3- 朝阳大街—天鹅路；4- 朝阳大街—七一路；5- 朝阳大街—东风路；6- 朝阳大街—天威路；7- 朝阳大街—南二环；8- 恒祥大街—北二环；9- 恒祥大街—复兴路；10- 恒祥大街—七一路；11- 恒祥大街—东风路；12- 东风路—乐凯大街；13- 东风路—长城大街；14- 东风路—东二环；15- 七一路—乐凯大街；16- 七一路—长城大街；17- 七一路—东二环；18- 七一路—东三环

2015 年，邯郸市公路通车里程 1.61 万 km，“十二五”期间，通车里程增长了 3800km。邯郸市城区主要路口的车流量在 5000 辆 /h 左右，最大的路口是人民路中华大街达 8967 辆 /h（图 3-21）。邯郸市区日平均车速为 27km/h。

“十二五”期间，石家庄、唐山、保定、邯郸市区分别新增通车里程 600km、236.3km、197.5km、1070km，而机动车保有量新增量分别为 109.97 万辆、57.2 万辆、88.7 万辆、40.27 万辆，平均增长比例为 6.39 万辆 /km（表 3-1）。随着人民消费水平不断提高，机动车保有量增速将不断加快，而随着道路建设不断完善，新增里程增速将逐渐放缓。因此，河北省机动车污染状况、道路拥堵情况将会持续严重，需要政府部门出台各种控制政策来减轻环境压力。

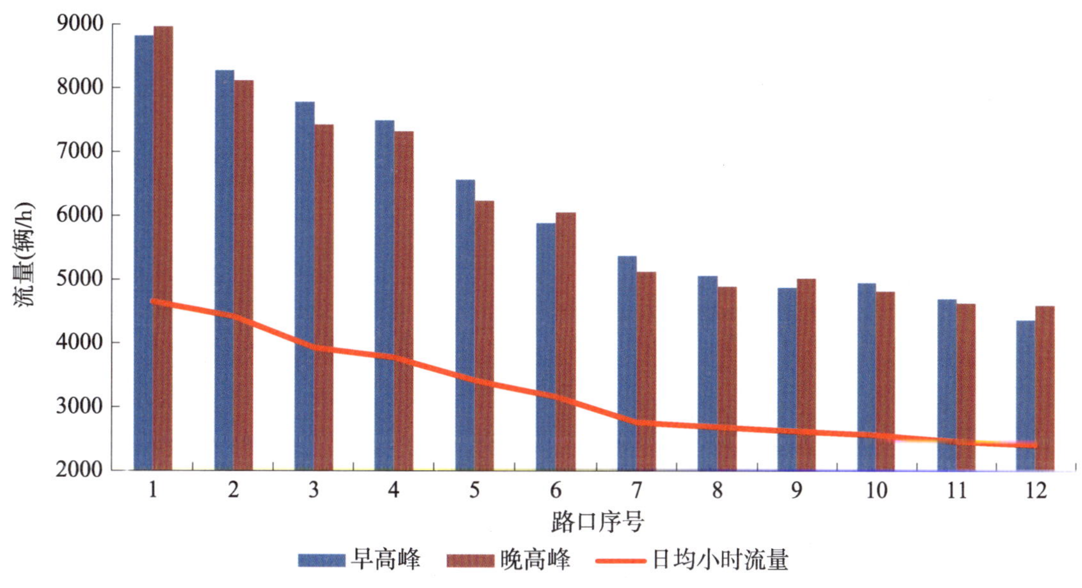

图 3-21 邯郸市区路口流量统计

1- 人民路中华大街；2- 人民路滏东大街；3- 中华大街渚河路；4- 人民路滏河大街；5- 中华大街联纺路；6- 人民路陵西大街；7- 人民路光明大街；8- 滏东大街丛台路；9- 中华大街和平路；10- 滏东大街陵园路；11- 浴新大街和平路；12- 浴新大街陵园路

"十二五"四市新增机动车保有量和通车里程 表 3-1

城　市	机动车保有量（万辆）	通车里程（km）
石家庄	109.97	600
唐山	57.2	236.3
保定	88.7	197.5
邯郸	40.27	1070

2. 省内国道及高速公路交通流量分析

依据河北省交通运输厅高速流量统计信息，将机动车分为汽车、摩托车、拖拉机三大类，其中又将汽车细分为小型货车、中型货车、大型货车、特大货车、集装箱车、中小客车和大客车七小类。

（1）普通国道

过境河北省的 16 条普通国道平均交通流量 12245 辆 / 日。各类车型的平均占比由高到低排列：中小客车、特大货车、小型货车、中型货车、大型货车、集装货车、大客车，具体数据如图 3-22、图 3-23 所示。16 条公路中大多以中小客车为主，北京—塘沽公路行驶的小型、中型、大型货车和集装箱车最多；

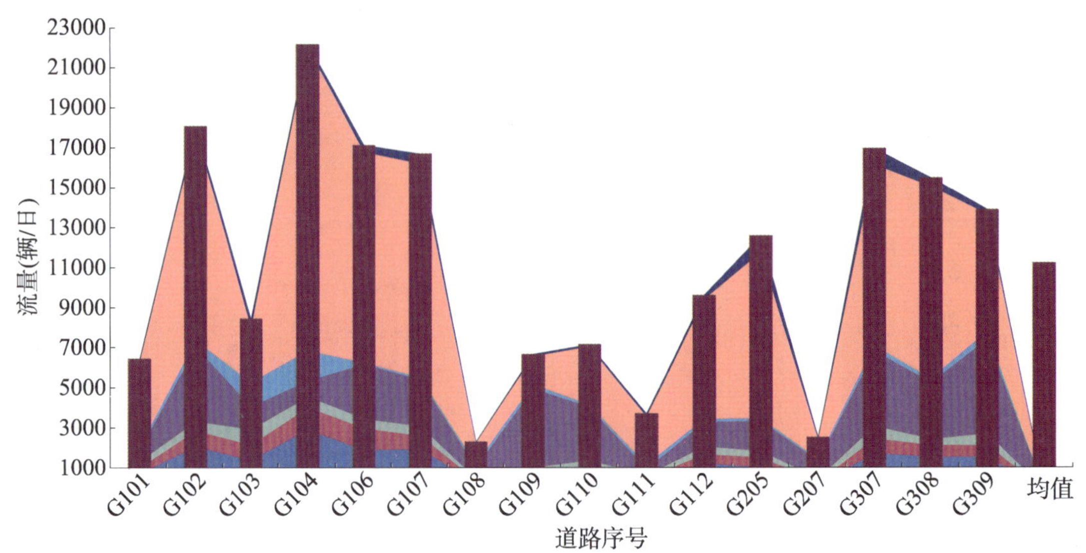

图 3-22 河北省境内 16 条普通国道上各类汽车流量

G101- 北京—沈阳公路；G102- 北京—哈尔滨公路；G103- 北京—天津新港公路；G104- 北京—福州公路；G106- 北京—广州公路；G107- 北京—深圳公路；G108- 北京—昆明公路；G109- 北京—拉萨公路；G110- 北京—银川公路；G111- 北京—加格达奇公路；G112- 北京环线；G205- 山海关—深圳公路；G207- 锡林浩特—海安公路；G307- 歧口—银川公路；G308- 青岛—石家庄公路；G309- 荣成—兰州公路

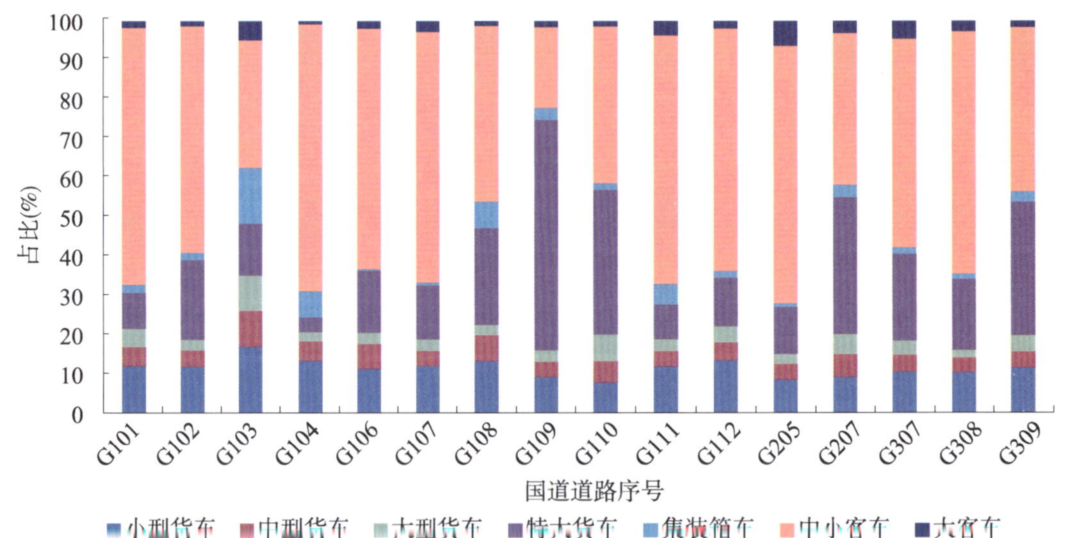

图 3-23 河北省境内 16 条普通国道上各类汽车占比

G101- 北京—沈阳公路；G102- 北京—哈尔滨公路；G103- 北京—天津新港公路；G104- 北京—福州公路；G106- 北京—广州公路；G107- 北京—深圳公路；G108- 北京—昆明公路；G109- 北京—拉萨公路；G110- 北京—银川公路；G111- 北京—加格达奇公路；G112- 北京环线；G205- 山海关—深圳公路；G207- 锡林浩特—海安公路；G307- 歧口—银川公路；G308- 青岛—石家庄公路；G309- 荣成—兰州公路

北京—拉萨的公路行驶的特大货车占比最大；中小客车在北京—福州的公路上占比最大；大客车在山海关—深圳公路的占比最高。

（2）国家高速公路

河北省内国家高速公路的总观测里程为1302km，过境河北省的14条国家高速公路平均流量为18842辆/日。高速公路上除了占比最高的中小客车，特大货车、中小型货车位居前列。各类车型的占比情况见表3-2。北京—乌鲁木齐和东营—吕梁两条高速公路以特大货车居多，占比分别高达71.1%和52.8%，如图3-24所示。

国家高速公路车流量占比分析（%） 表3-2

车流量占比	小型货车	中型货车	大型货车	特大货车	集装箱车	中小客车	大客车
均 值	7.7	5.9	5.5	26.3	1.7	50.4	2.5
最大值	17.9	12.0	12.7	71.1	3.1	66.7	5.0
所在高速公路	北京—乌鲁木齐	荣成—乌海	北京—昆明	北京—乌鲁木齐	北京—台北	大庆—广州	荣成—乌海
最小值	2.9	0.1	2.3	13.1	0.3	0.4	0.0
所在高速公路	北京—上海	北京—乌鲁木齐	青岛—兰州	荣成—乌海	北京—昆明	北京—乌鲁木齐	北京—乌鲁木齐

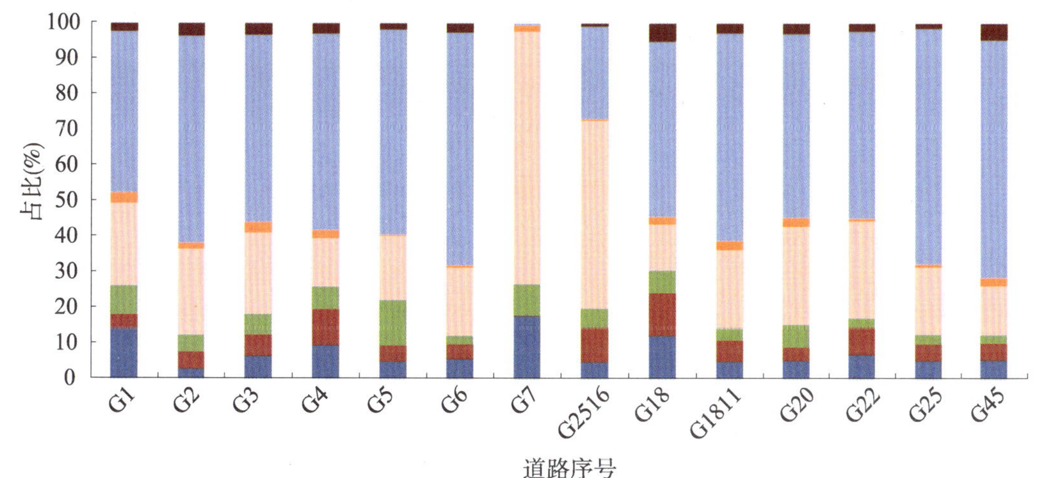

图3-24 河北省境内14条国家高速公路各类汽车流量占比

G1-北京—哈尔滨；G2-北京—上海；G3-北京—台北；G4-北京—港澳；G5-北京—昆明；G6-北京—拉萨；G7-北京—乌鲁木齐；G2516-东营—吕梁；G18-荣成—乌海；G1811-黄骅—石家庄；G20-青岛—银川；G22-青岛—兰州；G25-长春—深圳；G45-大庆—广州

（3）地方高速公路汽车流量占比分析

河北省地方高速公路共 14 条，分别是，宣大（S003）、唐港（S004）、沿海（S012）、廊涿（S24）、唐曹（S2511）、张涿（S008）、张石（S010）、唐山绕城（S0105）、保沧（S013）、京哈高速北戴河连线（S1）、保阜高速（S52）、承秦（S72）、衡德高速（S006）、新元高速（S9902）。

地方高速公路总观测里程 440km，地方高速上的平均车流量为 14534 辆 / 日，最大车流量为 25342 辆 / 日；根据各车型在地方高速公路的车流量从大到小排列，中小客车，特大货车，大型货车，小型货车，中型货车，大客车，集装箱车，如图 3-25 所示。

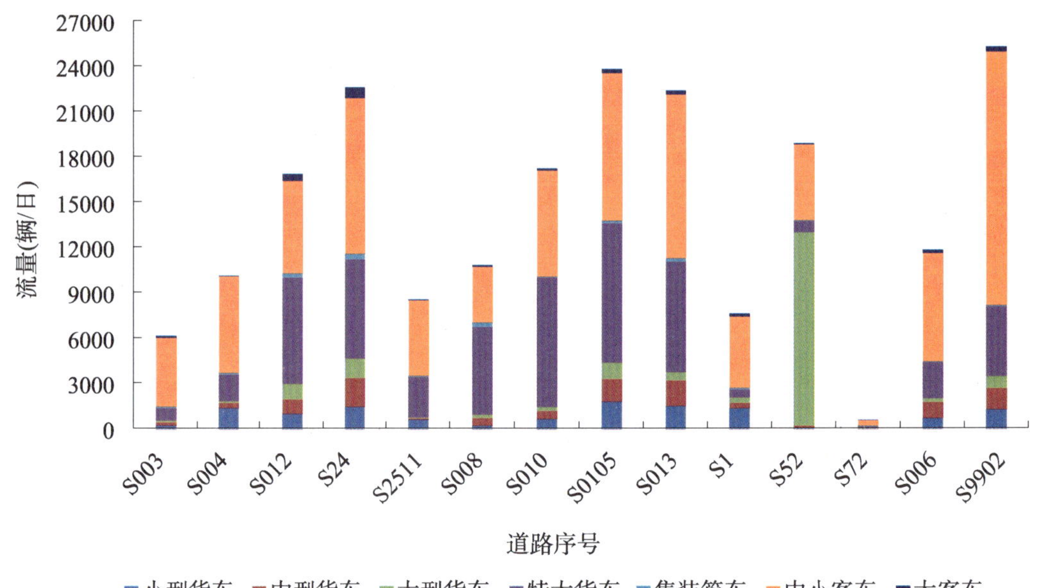

图 3-25　河北省地方高速公路上各类汽车流量

从各高速公路上车型占比来看，京哈高速北戴河连线小型货车最多，承秦高速（S72）中型货车最多，保阜高速（S52）大型货车最多，张涿高速（S008）特大货车、集装箱车最多，宣大高速（S003）中小客车最多；廊涿高速（S24）大客车最多。具体数据如图 3-26 所示。

（4）普通省道

河北省境内普通省道 124 条，总观测里程为 6614km，平均车流量为 8479 辆 / 日，最大为 29130 辆 / 日，出现在唐海线。

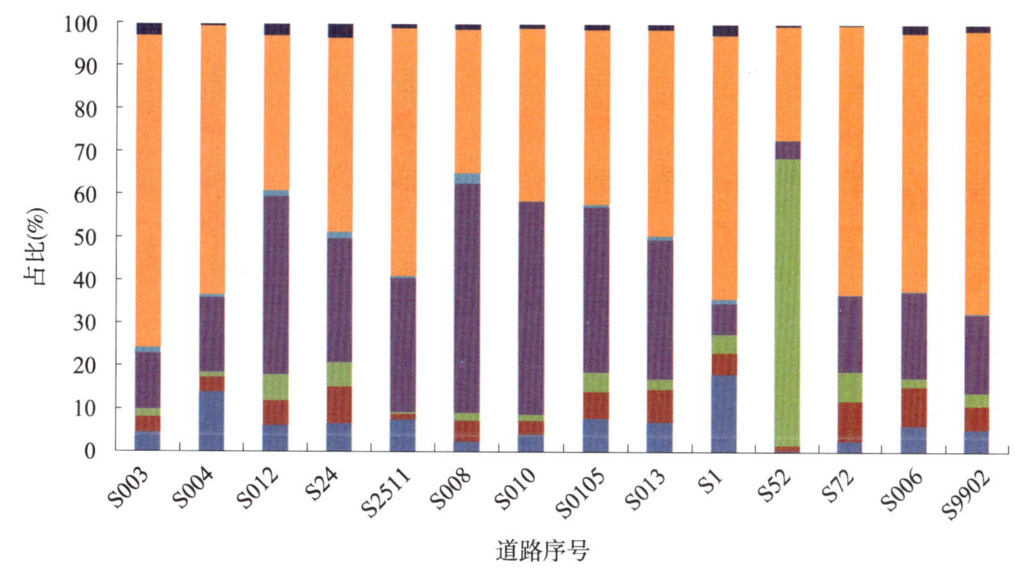

图 3-26 河北省地方高速公路上各类汽车流量占比

统计各省道上车型占比：中小客车占 54.3%、特大货车占 16.8%、小型货车占 14.2%、中型货车占 6.1%、大型货车占 4.5%、大客车占 1.5%、集装箱车占 1.3%、其他车辆 1.3%。以上车型出现最多的省道分别为：宣大高速、京原支线、安聊线、永峰线、涉左线、廊涿高速、武强连接线。

（5）省内国道及高速公路车流量统计

通过对河北省内的普通国道、国家高速公路、地方高速公路、普通省道的车流量进行统计，并重点关注大型和特大型货车，统计结果见表 3-3。

河北省内各道路车流统计表（万辆 / 日） 表 3-3

道路类型	普通国道	国家高速	地方高速	普通省道	合 计
车总流量	19.6	26.4	20.3	105.1	171.4
大型货车 + 特大货车流量	4.1	7.2	7.7	19.3	38.3

（6）过境大货车的情况

根据河北省交通运输厅的初步统计，每天进入河北省境内的外地机动车约 27.0 万辆，约占省内国道及高速公路交通流量的 15.7%，其中大货车占 37.0%，将近 10.0 万辆，约占省内国道及高速公路每日通过的大型、特大型货车的 26.2%。

参考《中国机动车环境管理年报（2017）》结论，按照排放标准分类，国Ⅰ前标准的占1.0%，国Ⅰ标准的5.4%，国Ⅱ标准的占6.4%，国Ⅲ标准的占24.3%，国Ⅳ标准的占52.4%，国Ⅴ标准的占10.5%，对每天进入河北省境内的10.0万辆大货车进行粗略的估算，它们排放的NO占全省汽车NO总排放量的8.0%，碳氢化合物占全省汽车碳氢化合物总排放量的3.7%，颗粒物占全省汽车颗粒物总排放量的4.8%。

（7）结论

①河北省境内16条普通国道、14条国家高速公路、14条地方高速公路、124条普通省道总计车流量为171.5万辆/日，其中大型货车和特大型货车约为38.2万辆/日，约占22.3%。

②道路上一般通行量最大的是中小客车，宣大高速、大庆—广州高速公路、北京—福州高速公路占比最高，尤其是乘坐高铁、铁路不方便的地区，利用中小客车短途出行比较常见。

③在山海关—深圳、廊涿、荣成—乌海高速公路大客车的占比最高，跟风景区旅游部分相关。

④北京—哈尔滨、北京—上海、北京—台北高速公路上大型货车和特大型货车较多，东营—吕梁、北京—乌鲁木齐公路特大型货车占比超过50%。体现了国家的运输通道，运输能源和生产资料等，彰显了经济发展的活力。

⑤河北省每日过境的大货车高达10万辆，过境大货车排放的NO、碳氢化合物、颗粒物占全省汽车总排放量的8.0%、3.7%和4.8%。

⑥合理规划运输通道、改变运输方式、重点控制污染严重的大货车等都可以根据上述分析数据有的放矢，事半功倍。

（二）路边交通点监测结果分析

1. 监测点位和监测时间

为弄清道路上行驶车辆排放的污染物对环境空气质量的影响，项目组利用空气自动监测车，对石家庄城区典型交通路口的污染物指标分夏秋冬三季进行了连续监测。

项目组共进行了三次路边交通点的监测：

①秋季：2016 年 9 月 20~23 日，对东二环与和平路口（以下称路边交通点 1）的空气质量进行了监测；该点位于城市的二环路上，交通流量密集，夜间会有大型施工车辆经过。

②冬季：2016 年 11 月 28~12 月 30 日，对翟营与裕华路口（以下称路边交通点 2）的空气质量进行了监测；该路口位于城市二环内部，裕华路为石家庄市的迎宾大道，东西方向交通流量较大，通行车辆以小型车和公交车为主，施工车辆是禁止通行的。

③夏季：2017 年 6 月 16~23 日对翟营与裕华路口的空气质量进行了监测。

2. 路边交通点污染物监测结果

空气自动监测车主要监测项目为 SO_2（与汽车排放污染物相关性较小，未进行分析）、NO_x、CO、O_3、PM_{10} 和 $PM_{2.5}$。在路边交通点监测的同时，分析人员调阅了距离该点最近的环境空气质量点位（秋季：市区高新区，位于路边交通点 1 东南方向 2.8km 处，夏季和冬季：市区 22 中南校区，位于路边交通点 2 西北方向 300m 左右）的数据，对两个点位监测因子同时段的浓度进行了对比分析，以环境空气质量监测点作为参照点。

（1）路边交通点与环境空气点污染物之间的对比

秋季和夏季监测时间较短，我们选取冬季 30 天的路边交通点 2 监测数据与相距 300m 的空气质量监测点位市区 22 中南校区数据进行对比分析。

①氮氧化物（NO_x）。

该时段环境空气中 NO_x 的小时值浓度范围在 0.024~0.768mg/m^3 之间，均值为 0.276mg/m^3，路边交通点 2 浓度范围在 0.067~0.786mg/m^3 之间，均值为 0.316mg/m^3，路边交通点 2 NO_x 浓度整体略高于环境空气点，均值是环境空气的 1.14 倍，总体变化趋势基本一致，其中在 12 月 18~20 日期间空气质量严重恶化，此时路边点与环境点的浓度几乎是重合的，而在这前后的几天里，路边点的浓度明显高于环境点。对比分析结果表明当环境空气质量处在一定状态（气象条件较好尚有污染物容量的情况）下，路边交通点环境空气中 NO_x 受机动车排放污染的影响较为显著，且对环境点的影响是正影响；而当环境质量严重污染或污染物无容量时，限行后机动车的排放对环境中 NO_x 浓度的影响不甚明显，如图 3-27、图 3-28 所示。

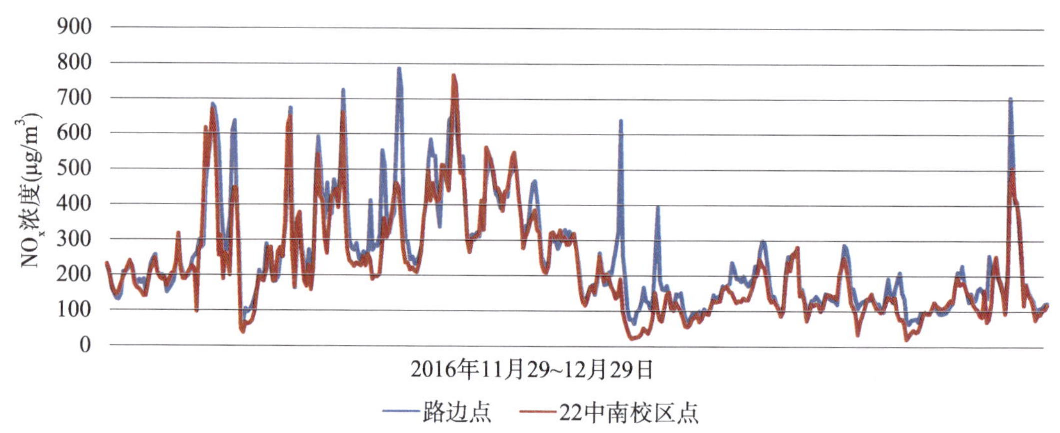

图 3-27　冬季路边交通点 2 和环境空气质量监测点 NO_x 浓度对比图

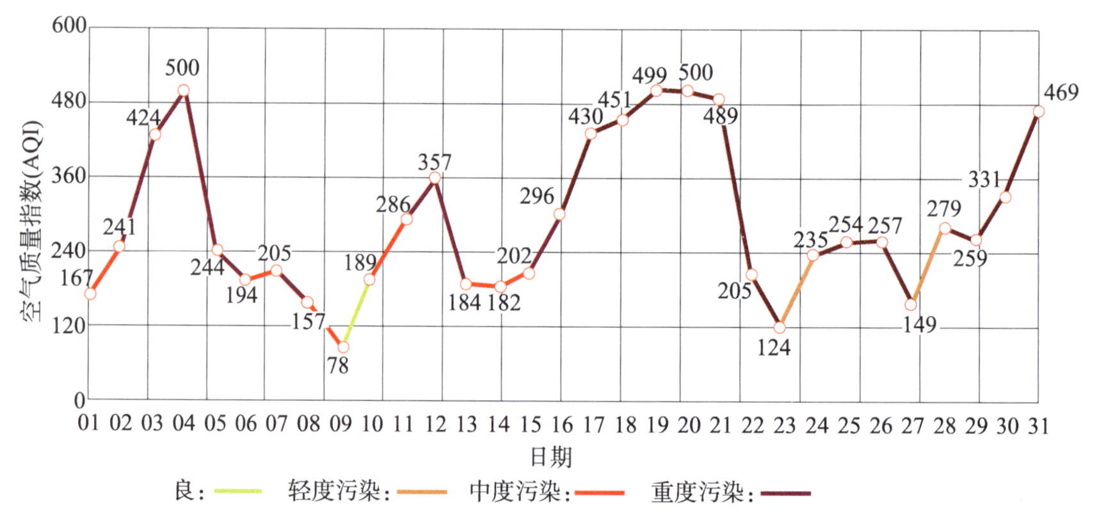

图 3-28　监测期间石家庄市的环境空气质量状况（2016 年 12 月）

②臭氧（O_3）。

该时段环境空气中 O_3 的小时值浓度范围在 0.001~0.162mg/m^3 之间，路边交通点 2 浓度范围在 0.002~0.045mg/m^3 之间，两个点位的浓度变化趋势基本上一致如图 3-29 所示。高点均是处于下午 12:00~16:00 之间。路边交通点 2 的均值为 0.008mg/m^3，环境空气质量点的均值为 0.015mg/m^3，路边点的 O_3 浓度整体小于环境空气点位，仅为后者的一半，推测与 NO 转化消耗 O_3 有关。

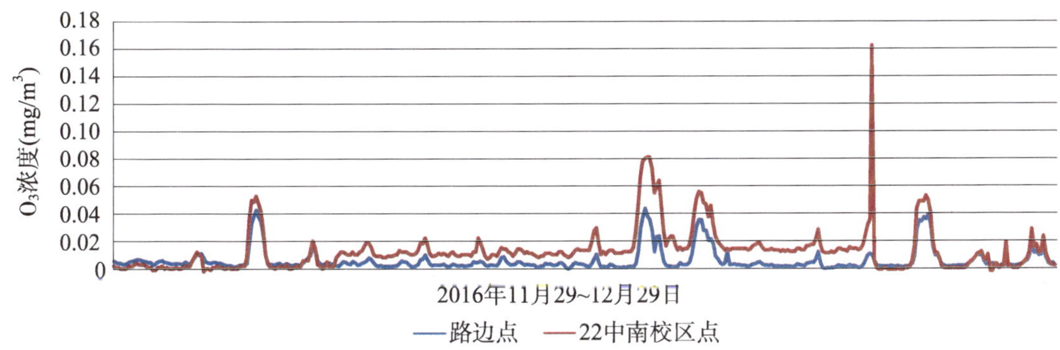

图 3-29 冬季路边交通点 2 和环境空气质量监测点 O_3 浓度对比图

③一氧化碳（CO）。

该时段环境空气中 CO 的小时值浓度范围在 0.350~13.2mg/m^3 之间，路边交通点 2 浓度范围在 0.009~12.6mg/m^3 之间，两点位的数据变化趋势整体一致（图 3-30）。路边交通点 2 的均值为 4.22mg/m^3，环境空气质量点的均值为 4.44mg/m^3，两者几乎没有差异，说明交通点的尾气排放对环境空气的 CO 浓度影响较小。

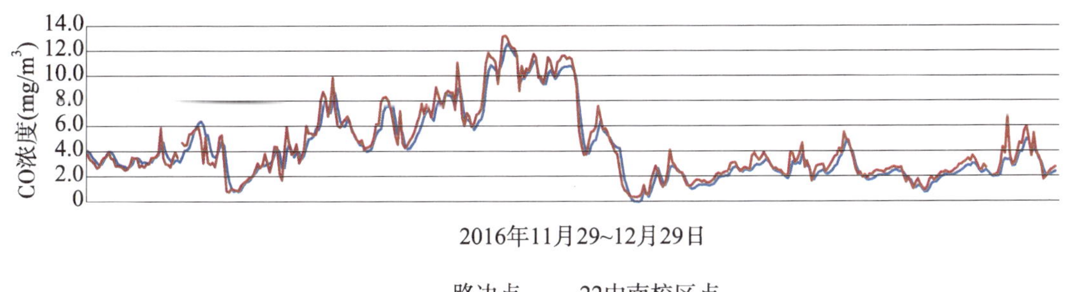

图 3-30 冬季路边交通点 2 和环境空气质量监测点 CO 浓度对比图

④颗粒物。

该时段环境空气中 $PM_{2.5}$ 的日均值浓度范围在 0.090~0.631mg/m^3 之间，路边交通点 2 浓度范围在 0.118~0.745mg/m^3，两监测点的 $PM_{2.5}$ 整体变化趋势一致，如图 3-31a）所示。从图中可以看出，路边交通点的 $PM_{2.5}$ 的日均值浓度略高于环境空气点。

该时段环境空气中 PM_{10} 的日均值浓度范围在 0.158~1.020mg/m^3 之间，路边交通点 2 浓度范围在 0.157~0.903mg/m^3，两监测点的 PM_{10} 整体变化趋势一致，如图 3-31b）所示。从图中可以看出，路边交通点的 PM_{10} 的日均值浓度略低于环境空气点。

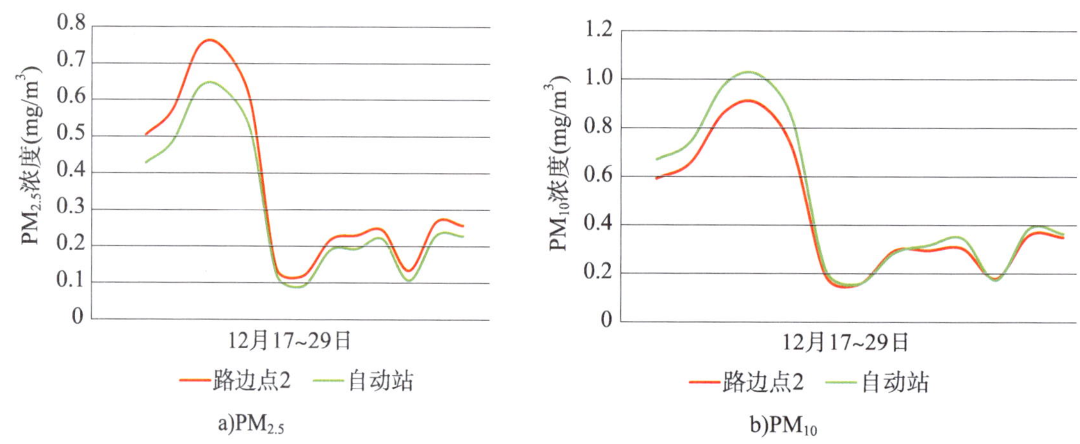

图 3-31　冬季路边交通点 2 和环境空气质量监测点 $PM_{2.5}$、PM_{10} 浓度对比图

注：11 月 29~12 月 16 日之间设备出现故障，因此颗粒物选用 12 月 17~29 日数据进行分析。

对比分析结果表明，这个时段路边交通点环境空气中颗粒物受机动车排放污染的影响比较小。

比较上述机动车排放的典型污染物对环境空气质量浓度的影响，氮氧化物和臭氧比较明显。

（2）路边交通点机动车污染物排放特征

①氮氧化物（NO_x）。

空气中的 NO_x 主要来源于天然源，但城市大气中的 NO_x 大多来自于燃料燃烧，即人为源，如汽车等流动源，工业窑炉等固定源。相关研究显示，我国很多人口密集度高的城市大气中的 NO_x 主要来自机动车排放，在我国机动车排放的 NO_x 约占全国总量 1/3，由汽车尾气等排放的含氮前体物对霾污染的贡献越来越凸显。

在高温燃烧条件下，NO_x 主要以 NO 的形式存在，最初排放的 NO_x 中 NO 约占 95%。但是，NO 在大气中极易与空气中的氧发生反应，生成 NO_2，故大

气中 NO_x 普遍以 NO_2 的形式存在。空气中的 NO 和 NO_2 通过光化学反应，相互转化而达到平衡。

通过夏季和冬季的监测，我们可以看到：

a. 夏季，NO_x 和 NO_2 的变化趋势基本一致，凌晨 1:00~6:00 路边交通点 2 与环境点基本吻合，其余时间路边点的浓度明显高于环境点如图 3-32 所示。对比图中 NO 和 NO_2 的浓度值，可以看出夏季 NO_x 主要以 NO_2 形式存在。NO 浓度夏季含量很低，只有 NO_2 的十分之一左右。

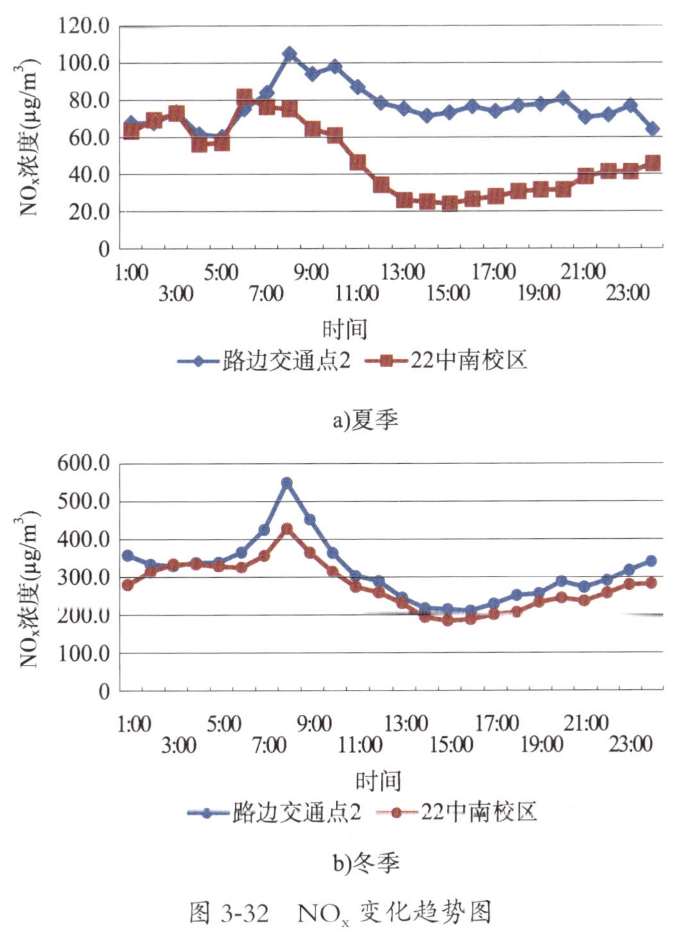

图 3-32 NO_x 变化趋势图

b. 冬季，路边交通点 2 和环境点的总体变化趋势基本一致，NO_x 路边交通点与环境点差别不大，环境和交通点的 NO 浓度比 NO_2 高出 50% 左右，冬季 NO_x 中 NO 浓度较高，且全天浓度变化比较大。冬季交通点 NO 日均值比夏季高出近 20 倍，如图 3-33、图 3-34 所示。

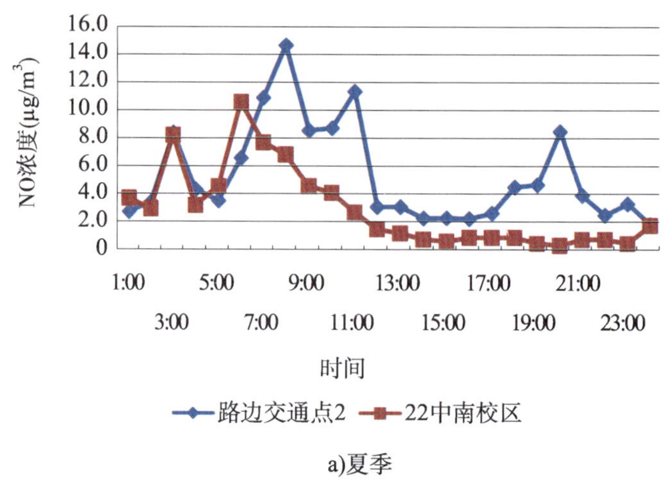

a)夏季

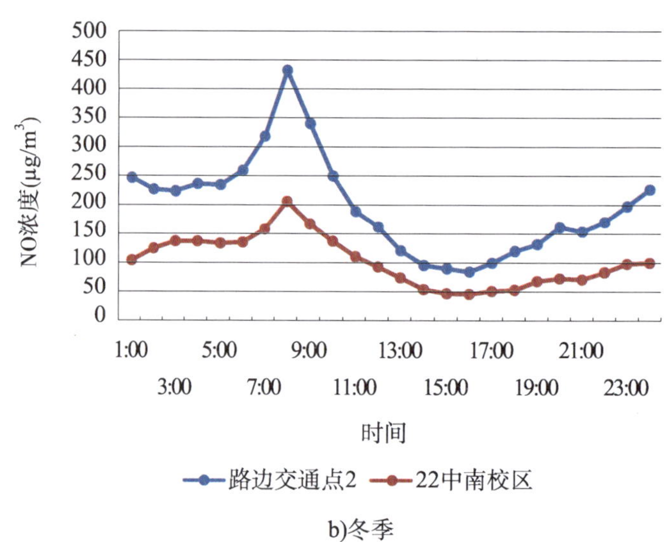

b)冬季

图 3-33　NO 变化趋势图

c. 无论是冬季还是夏季，NO_2 均不是一次生成的。在机动车排放过程中最先形成的 NO，因此 NO 的变化趋势可以一定程度上说明机动车排放的污染物对环境的影响。在夏季，可以看到两个明显的峰，一个出现在上午 8:00 左右，另一个出现在晚上 20:00 左右，与交通早高峰和晚高峰高度重叠，受车流量影响比较明显。而在冬季仅能看出一个明显的峰值，出现在上午 8:00（早高峰时段），晚高峰则不甚明显，NO 浓度出现缓慢的上升过程。早晨 8 点有一个明显的峰值，路边点和环境点的值分别为 547μg/m^3 和 423μg/m^3，如图 3-35 所示。

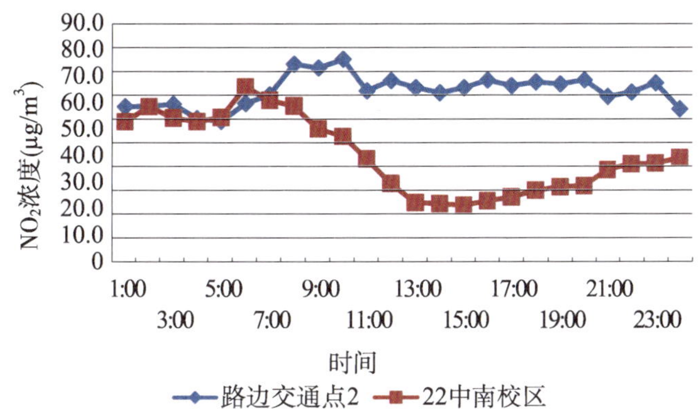

a)夏季

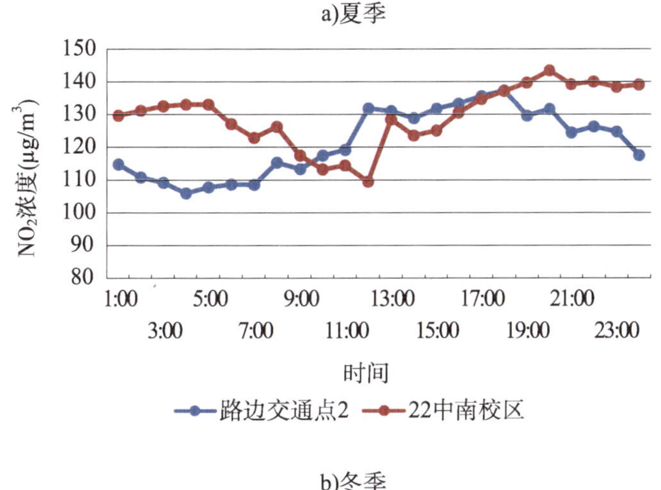

b)冬季

图 3-31 NO_2 变化趋势图

分析原因，早高峰车流量相对集中，夏季路边交通点 2 早高峰（6:00~9:00 均值）、晚高峰（17:00~19:00）车流量是冬季的 1.3 倍和 1.4 倍，早高峰比晚高峰车流量多出 10%。前面我们分析了石家庄市 22 个日均车流量在 2000 辆以上的卡口点有 13 个，早高峰比晚高峰车流量更为集中，只有两个卡口点晚高峰车流量大于早高峰，其余 11 个卡口点的早高峰车流量比晚高峰增加了 1.45%~48.2%，其中 6 个卡口点增长率高于 10%。

另外，由于石家庄城市热岛效应，早上空气扩散条件一般不太好，大量的车流导致排放的 NO 浓度急剧升高，晚高峰车流相对较小，时间也更长，扩散条件相对好于早晨，因此出现缓慢上升的情形。

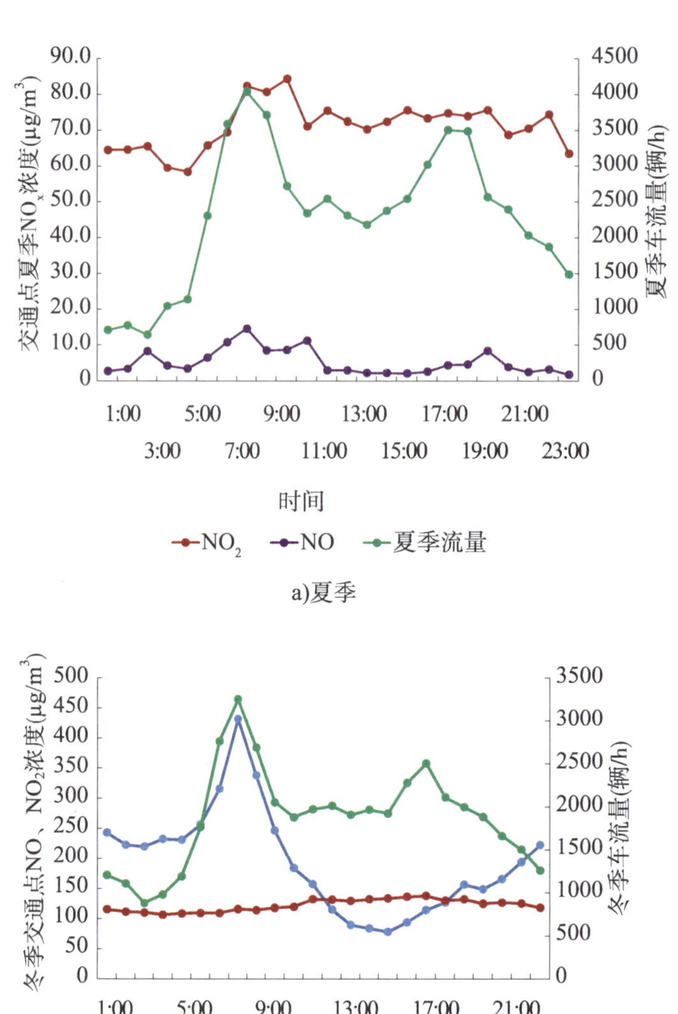

图 3-35　路边交通点夏季和冬季 NO_x 浓度与车流量变化趋势图

②臭氧（O_3）。

路边交通点与环境点上的 O_3，在夏季和冬季的变化趋势是一致的，如图 3-36 所示。在夏季路边点的 O_3 值要低于环境点的 5%~40%，全天平均低 18%，其中在早晨 8:00 二者的差距是最大的，路边点要低于环境点的 40%。在冬季时，这个差距更为明显，路边点低于环境点的 50%~69%，全天平均低 61%。

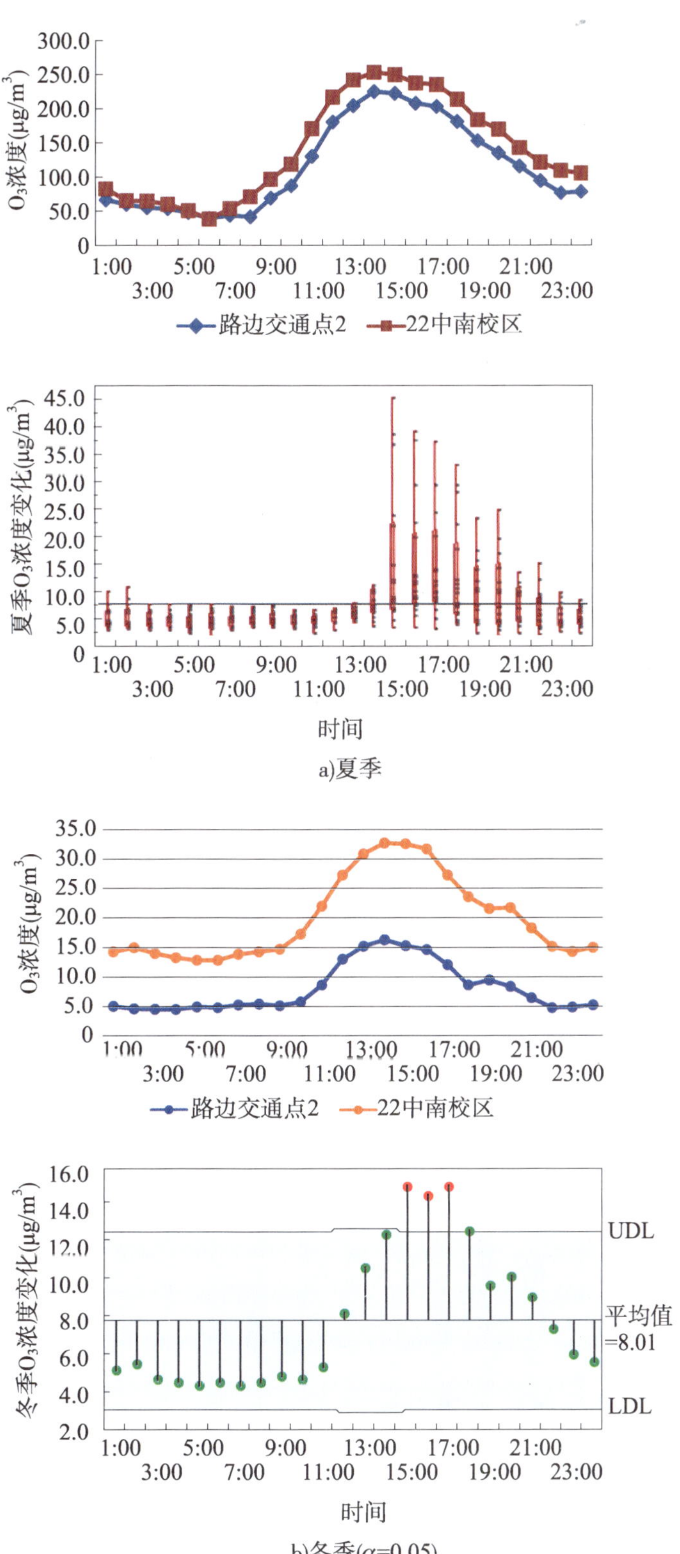

a)夏季

b)冬季(α=0.05)

图 3-36 路边交通点 2 夏季冬季 O_3 变化趋势图

在夏季，O_3 浓度全天普遍偏高，其范围为 41~226μg/m^3，均值 117μg/m^3，冬季为 4~16μg/m^3，均值 8μg/m^3，只有夏季的 5%~12%。O_3 的浓度与气温和太阳辐射密切相关，一般最低点出现在早晨 7:00 左右，早 7:00~21:00，基本上呈抛物线形状，如图 3-36 所示。O_3 浓度自 7:00 之后逐渐升高，在 14:00~16:00 期间达峰值后逐渐降低，21:00 后基本趋于稳定并处于低位水平。

③ NO_2、NO 相互转化与 O_3 之间的关系。

通常空气中的 NO_x 主要是以 NO 和 NO_2 的形式存在，通过①的分析，在夏季，NO_x 主要以 NO_2 的形式存在，NO_2 的占比大致为 78.8%~99.8%，因此二者的相关性极高，其中有 18h 以上的时间超过了 95%，在早上 5:00~8:00 期间，基本呈明显的上升阶段且 8:00 达到最大值，可能是由于早高峰期间车流量的激增加上不利的扩散环境致使 NO_x、NO、NO_2 的累积所致。O_3 在此期间是全天浓度最低的时间段。

夏季的高温和强辐射使得光化学反应更加复杂，在 12:00~16:00 时段，O_3 浓度持续升高，从夏季 NO—O_3 浓度对比图可以清楚地看到，在 O_3 浓度急剧升高的时段，NO 浓度降至最低，NO_2 与 NO_x 的比值持续走高接近 100%，即 O_3 浓度的升高加速了 NO 向 NO_2 的转化。除了高温和强辐射，据研究机动车的排放污染物（氮氧化物和挥发性有机物）大多为 O_3 形成的前体物。这些物质过多时，在光照辐射的作用下会加速 O_3 的形成。夏季 O_3 浓度均值高达 117μg/m^3。

而在冬季，根据路边监测点和环境空气点的监测结果来看，NO_x 主要以 NO 的形式存在，NO_2 浓度只有 NO 浓度的一半左右。冬季 O_3 浓度均值只有夏季均值的十五分之一，处在极低的范围。即使这样，O_3 的日变化曲线仍显示与夏季相似的单峰状，O_3 值较高时，NO 值比较低，观察冬季 NO_2—O_3 浓度小时变化图，发现 O_3 降低时，NO_2 小幅升高，时间稍有滞后，如图 3-37 所示。

3. 利剑斩污行动的减排效果分析

2016 年 11 月 17 日，石家庄市发布了《利剑斩污行动实施方案》（11.17~12.31），采用休克式疗法，对火电企业实行“以热定电”，除供暖和保民生外，全市所有钢铁、水泥、焦化、铸造、玻璃、陶瓷、钙镁行业全部停产，对全市制药、化工、包装印刷、家具等行业所有挥发性有机物生产工序全部停产或者限产减排，集中供暖任务之外的未采用清洁燃料的燃煤设施一律停止使用，所有建筑工地停工，以柴油为动力的工程机械一律不得使用，全市所有露天矿山、采砂、石材加工、砂石料加工等行业全部停工停产，实施机动车单双号限行。

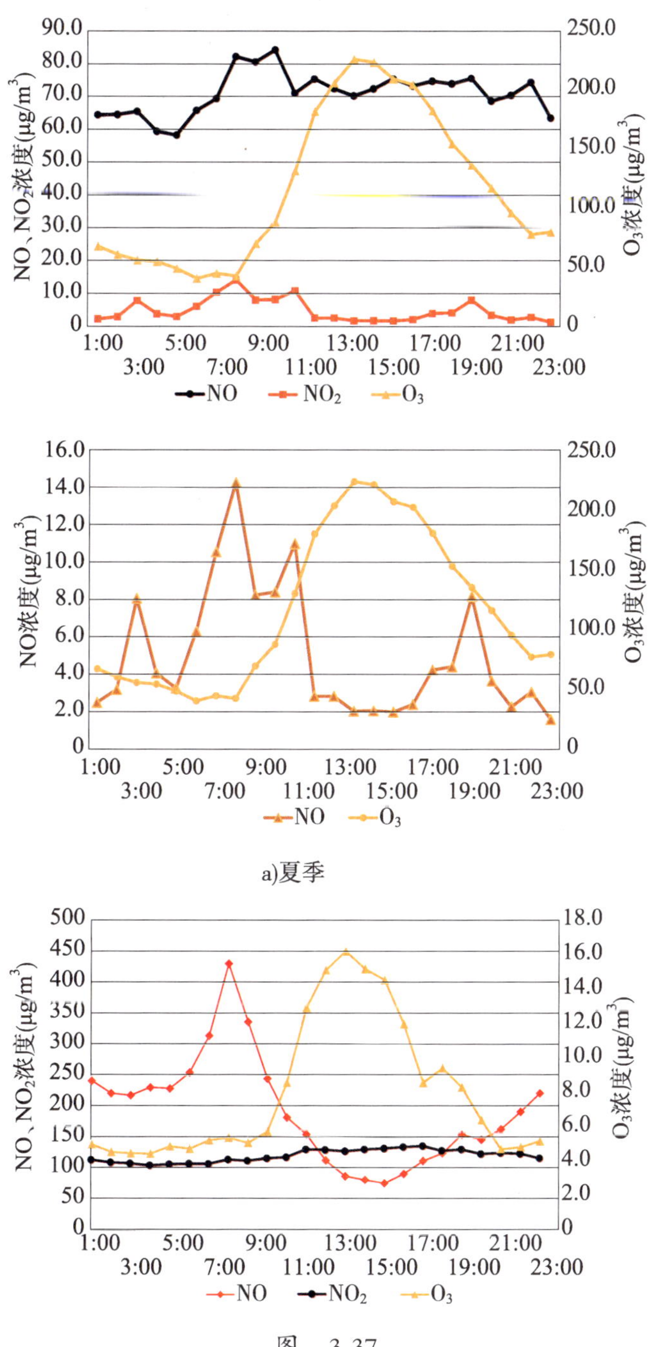

图 3-37

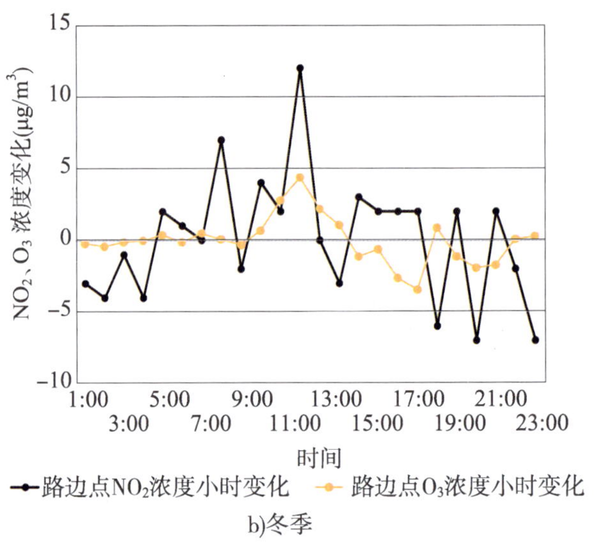

b)冬季

图 3-37　夏季、冬季 O_3 对 NO_2、NO 的变化影响

项目组冬季对路边监测点 2 进行监测时恰好是这个时间段，根据对夏季和冬季的监测结果进行分析，选取与机动车排放直接相关的 NO 浓度进行分析：

夏季路边点监测数据显示［图 3-38a）］：在早高峰时段（6:00~8:00），NO_x 的浓度均值与前一时段（4:00~5:00）相比，增加了 44.4%；而晚高峰时期（18:00~20:00），NO_x 浓度均值与前一时段（14:00~16:00）相比，升高了 6.4%。

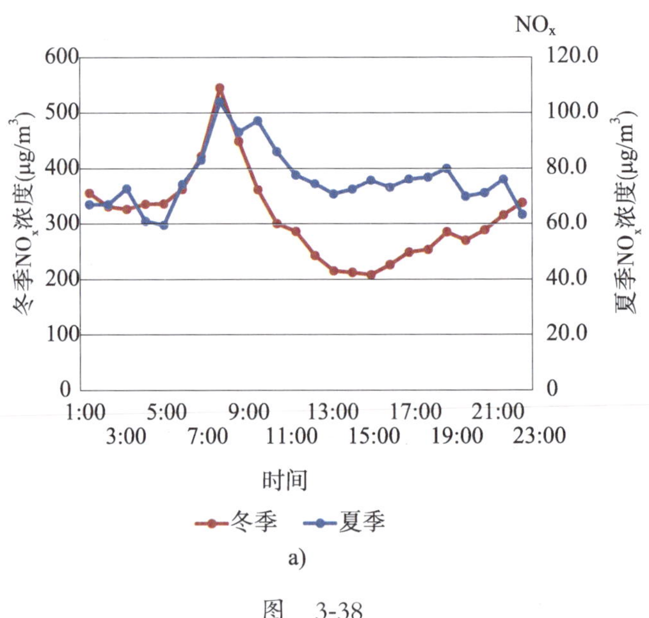

a)

图　3-38

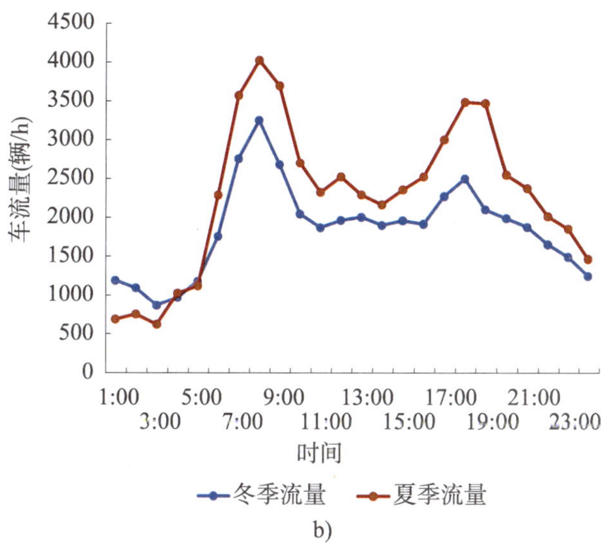

b)

图 3-38 夏季、冬季车流量对 NO_x 的变化影响

受机动车流量的影响，在早晚高峰时 NO_x 的浓度会相应增加，增加的幅度为 6.4%~44.4%。

冬季路边点监测数据显示［图 3-38b）］：在早高峰时段（6:00~10:00），NO_x 浓度均值与前一时段（2:00~5:00）相比，增加了 28.6%；而晚高峰时期（17:00~20:00），NO_x 浓度均值与前一时段（14:00~16:00）相比，升高了 19.3%。在早晚高峰时受机动车流量的影响，NO_x 的浓度会相应增加约 19.3%~28.6%。

由于交通点 NO_x 的浓度影响因素主要与交通量和扩散条件相关，早高峰时，夏季和冬季扩散条件比晚高峰接近一些，石家庄市地形地貌条件静稳天气比较多，夜间边界层高度低，稳定的大气层结不利于污染物的稀释扩散，到晚高峰扩散条件会变好，另外，晚高峰冬季和夏季尤其是夏季时间相对长，污染物浓度变化和车流量变化不是那么显著。

比较早高峰 NO_x 的浓度增长情况，夏季大约是 44%，冬季大约是 28.6%，而夏季和冬季早高峰时段的平均车流量，夏季是 3772 辆 /h，冬季是 2690 辆 /h，夏季大约是冬季的 1.4 倍，这与冬季单双号限行相吻合，在冬季早高峰流量减少了近 30% 的情况下，NO_x 浓度增长率减少了 17.2%，可以视为单双号限行的主要贡献，当然也包含了此时“利剑斩污”行动实施方案的整体效果。

按照石家庄市政府的分析统计，通过 45 天“利剑斩污”，主要污染物减排率均超 40%，其中 NO_x 减排率达 50.4%，结合路边监测点的监测结果，初略地估算，在极端不利的气候条件下，汽车排放的 NO_x 浓度在单双号限行措施下，车流量较少 30%，NO_x 浓度增长率减少了约 17%，远低于工业排放 NO_x 的减排率。单双号限行措施的效果有待进一步研究。

4. 夜间施工工地对交通点的影响

（1）秋季污染物交通点和环境点的小时均值变化趋势

①氮氧化物（NO_x）。

秋季，NO_x 交通点的浓度明显高于环境点的水平，尤其是 6:00~9:00 的早高峰时段，有一个较大的增幅，表明机动车排放的 NO_x 对交通点的影响较大。秋季 21:00~24:00 之间环境点的浓度呈现明显的下降趋势，而交通点却逆势上升，如图 3-39 所示。

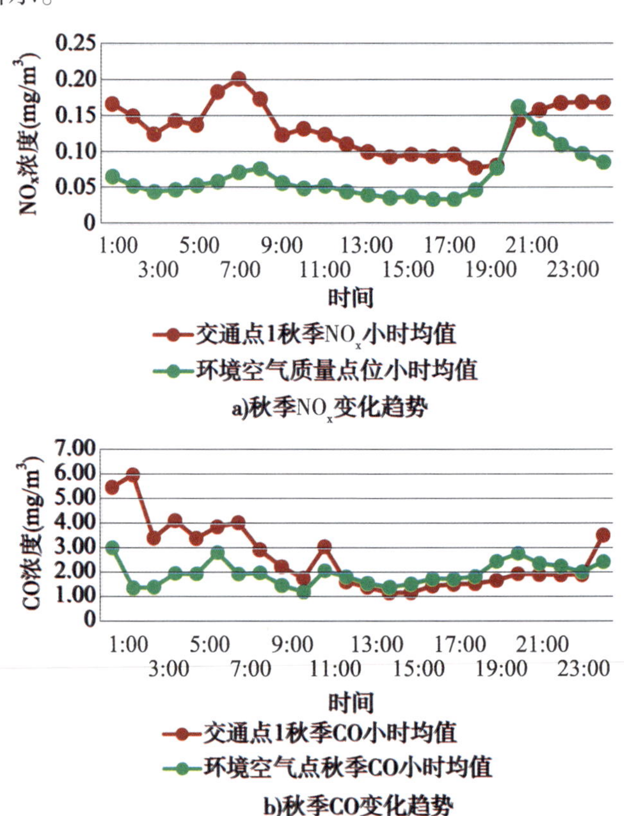

a)秋季NO_x变化趋势

b)秋季CO变化趋势

图 3-39

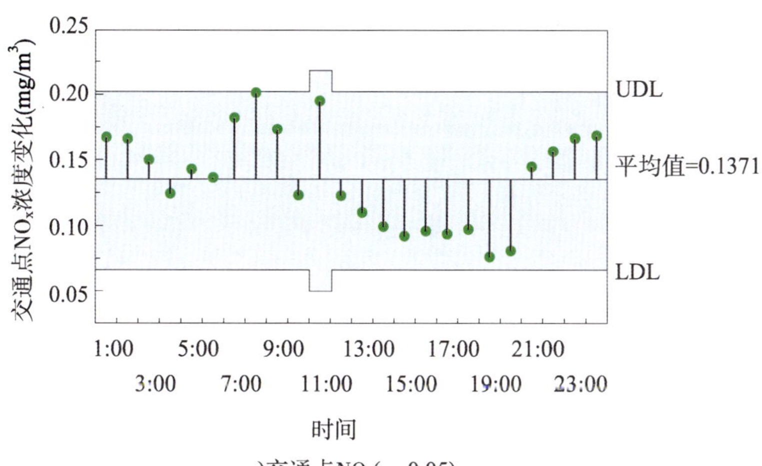

c)交通点NO_x(α=0.05)

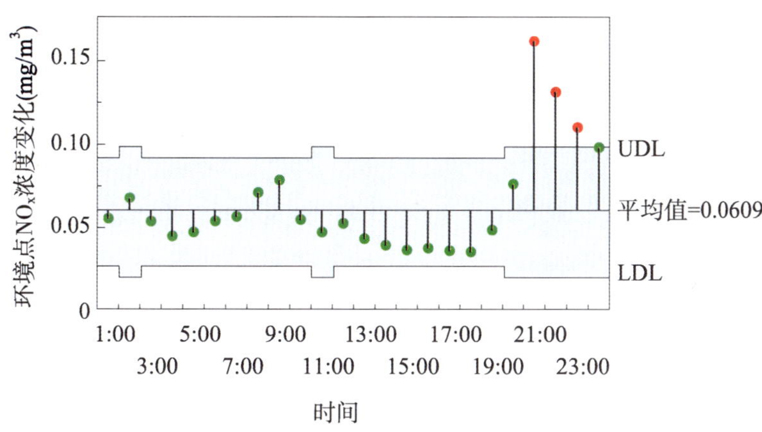

d)环境点NO_x(α=0.05)

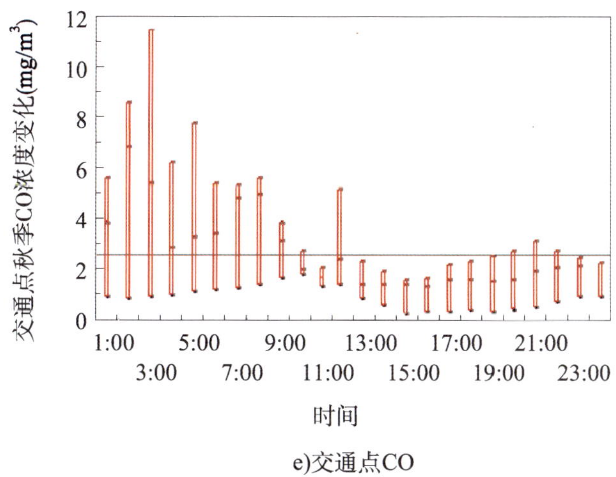

e)交通点CO

图 3-39

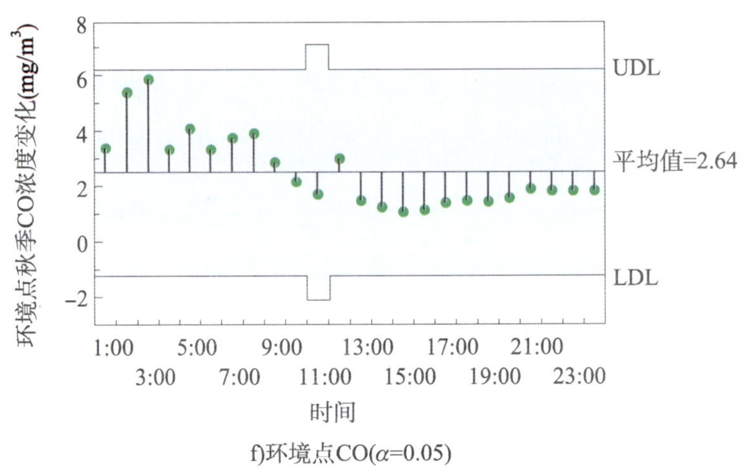

f)环境点CO(α=0.05)

图 3-39　秋季 NO_x、CO 小时均值变化趋势图

②一氧化碳（CO）。

秋季，交通点 9:00~22:00 与环境点的监测的 CO 结果趋势一致，数值相差不大，但从 23:00~8:00 波动较大，除去 6:00~8:00 早高峰时段，24:00~ 凌晨 2:00 之间交通点和环境点浓度急剧上升，交通点尤其明显，浓度是环境点的 3.5 倍，表明这个时段有明显的污染源，如图 3-39 所示。

（2）施工工地夜间对交通点的影响

CO 和 NO_x 秋季凌晨时段交通点浓度反常升高的原因分析：

①点位、监测时间与管制措施。

秋季监测的交通点位于市中心外部二环，监测时间为非取暖期的秋季，此时企业正常生产，白天除大型货车不允许进入主城区外，无其余交通管制措施。

冬季交通点位于市中心内部，监测时间为冬季取暖期，石家庄市“利剑斩污”行动采取了严格的管制措施，此时全市除供暖企业，其余所有涉气企业均已停产，机动车单双号限行。

②施工工地情况。

经统计，2016 年监测期间，石家庄市建成区共有建筑施工工地 351 处，如图 3-40、图 3-41 所示。其中，长安区 112 处、桥西区 82 处、新华区 70 处、高新区 64 处、裕华区 23 处。秋季交通点东二环与和平路口位于长安区，冬季交通点翟营与裕华路口位于裕华区。

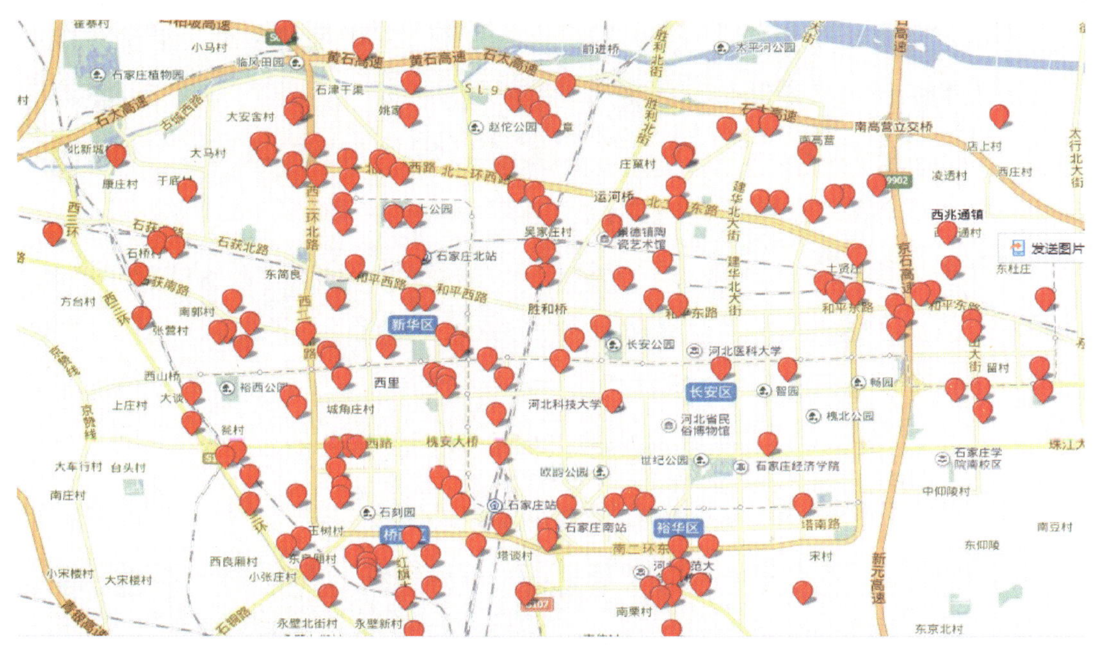

图 3-40 石家庄市建成区建筑施工工地分布图

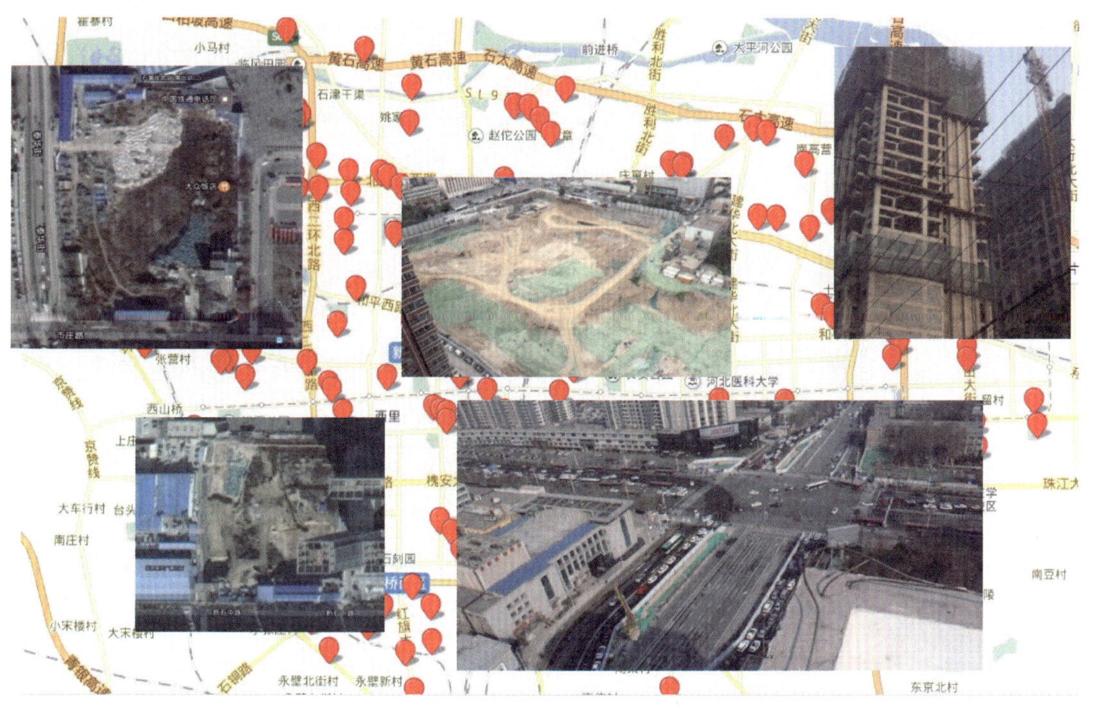

图 3-41 石家庄市建成区部分典型建筑施工工地图

③施工工地夜间作业时间对交通点的影响。

建筑施工工地需要大量的渣土车、工程车，其作业时间为 23:00~ 次日 6:00

（以下称“渣土车作业时段”），对应交通点的 24:00~6:00 数据。渣土车作业时段为人类活动水平最低时段，交通量处于较低水平。因此，选择交通量较低的下午的 14:00~17:00 时段作为对照时段（以下称“对照时段”），对照时段对应路边交通点的 15:00~17:00 数据。

对秋冬季交通点的数据进行分析：两个点位的 NO_x、NO、CO、PM_{10} 等 4 项参数，渣土车作业时段浓度值高于对照时段，O_3 低于对照时段；NO_2、$PM_{2.5}$ 秋季渣土车作业时段浓度值高于对照时段，冬季渣土车作业时段浓度值低于对照时段；除 O_3 外，秋季交通点各项浓度比值明显高于冬季交通点，见表 3-4。

渣土车时段与对照时段 6 参数浓度比值表 表 3-4

点　　位	渣土车时段与对照时段比值						
	NO_x	NO_2	NO	CO	O_3	PM_{10}	$PM_{2.5}$
东二环与和平路口	1.60	1.15	7.04	3.11	0.14	1.27	1.51
翟营与裕华路口	1.57	0.83	2.75	1.38	0.34	1.16	0.88

渣土车、工程车大多为重型柴油卡车，其尾气排放特征主要表现为高浓度的 NO_x 和颗粒物。秋季交通点位于交通繁忙的二环，夜间可以通行大货车，监测结果与重型柴油卡车的排放特征一致，NO_x、NO、NO_2、PM_{10}、$PM_{2.5}$ 浓度与对照时段相比处于较高水平。经过统计，长安区 112 有处建筑工地，明显多于裕华区的 23 处，同时由于建筑工地冬季停工等原因，东二环与和平路口点位的浓度比值明显高于翟营与裕华路口点位，如图 3-42 所示。因此，建筑工地渣土车尾气排放污染对环境空气质量造成重要影响。

5. 结论

①通过路边交通点与环境空气点之间的对比，可以看出机动车排放的典型污染物对环境空气质量浓度的影响，NO_x 和 O_3 比较明显。

②夏季，路边监测点和环境点的 NO_x 主要以 NO_2 形式存在。NO 浓度夏季含量只有 NO_2 的十分之一，而冬季 NO_x 中 NO 浓度较高，比夏季高出近 20 倍且全天浓度变化比较大。汽车直接排放的 NO 夏季呈现出与早晚高峰期重叠的两个峰，冬季浓度仅在早高峰有明显增加。

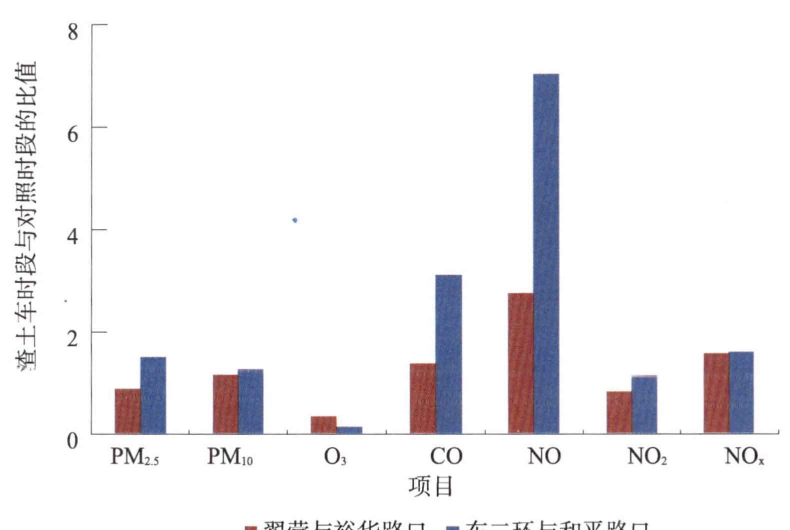

图 3-42 秋季和冬季渣土车时段与对照时段浓度比值

③路边交通点与环境点上的 O_3，在夏季和冬季的变化趋势一致，路边点的 O_3 值都要低于环境点，冬季小时均值只有夏季的十五分之一。O_3 的浓度与气温和太阳辐射密切相关，基本上呈抛物线形状，在 14:00~16:00 期间达到峰值。

④分析 NO_2–NO–O_3 之间的相互关系，在夏季，高温和强辐射以及机动车的排放污染物（NO_x 和挥发性有机物）加速了 O_3 的形成，在 O_3 浓度急剧升高的时段，NO 浓度降至最低，加速了 NO 向 NO_2 的转化。冬季 O_3 的日变化曲线仍显示与夏季相似的单峰状，O_3 值较高时，NO 值比较低，观察冬季 NO_2–O_3 浓度小时变化图，发现 O_3 降低时，NO_2 小幅升高，时间稍有滞后。

⑤秋季，夜间凌晨时分交通流量较小的时候，NO_x、颗粒物、CO 等污染物浓度反常升高，调查结果与监测点周边地铁和房地产开发夜间施工有关。建筑工地的渣土车、工程车大多为重型柴油车，其尾气排放特征主要表现为高浓度的 NO_x 和颗粒物，这些车辆白天限制在市内通行，解除限行后的作业时段对环境空气质量造成了较大的影响。CO 浓度的提升或许与工业企业夜间偷排偷放有一定的关系。

⑥利剑斩污行动方案实施期间，在单双号限行措施下，早高峰时段，机动车流量减少了约 30%，粗略估算，交通点的 NO_x 浓度消减了大约 17%。

（三）遥感监测数据分析

项目组收集了 2016 年河北省和北京市两地的部分遥感监测数据。河北省包括石家庄和秦皇岛两市的数据，北京市的数据涵盖了海淀、丰台和亦庄三个地段。这些数据是通过移动监测车和固定式龙门架设备进行遥感检测获取，我们通过对获取的有效数据和河北省机动车尾气平台数据库中的信息进行匹配，查询和提取车辆的各类信息，进行了对比分析。

1. 河北遥测数据分析

（1）遥测数据基本情况

利用遥感监测车于石家庄市某进市口处，对 2016 年 4~5 月期间 6 天监测的数据进行统计分析：共检测了 12175 辆车（其中从数据库中查询到冀牌 6969 辆；非冀牌 698 辆）；遥感监测共识别出 2846 个车辆，获得的有效数据仅为 311 个（冀牌车 309 个），其中达标数为 278（冀牌车 276 个）个，超标数为 33 个（全部为冀牌车）。石家庄市的数据由于识别率低，有效数据太少，仅供参考。

2016 年 10~12 月，在秦皇岛市利用固定式龙门架遥感设备分两次，连续遥感监测 15 天和 8 天，对所得数据进行统计分析：共监测 207804 辆车（冀牌 172161 辆；非冀牌 6536 辆；无法识别车辆 29107 辆）；共识别出 124731 个车辆数据，获得有效数据 71437 个（冀牌车 70924 个），其中达标数为 65715 个（冀牌车为 65251 个），超标数为 5722 个（冀牌车数为 5673 个）。

综合两地遥测数据：共监测 219979 辆车，识别车辆数据 127577 个，识别率为 58.0%，达标率约为 90.7%，超标率约为 9.3%，非冀牌数量占比约为 6.4%，其中：共获得冀牌车有效数据 71233 个，达标率平均为 90.7%，超标率平均为 9.3%；共获得非冀牌车有效数据 515 个，达标率平均为 90.5%，超标率平均为 9.5%。

冀牌车可视为本地的车辆，非冀牌车可视为外地在冀的过境车辆。外地车超标率高于本地车水平。以上具体数据见表 3-5。

（2）车辆分类情况分析

项目组对遥感监测数据中能够获得车辆完整信息的数据按照车辆的燃油类

型、尾气排量、行驶里程、车龄和排放阶段等进行了汇总分析。

遥测数据达标分析汇总表　　表 3-5

地点	总数（个）	外地车占比（%）	有效数（个）	超标率（%）	本地车有效数（个）	本地车超标率（%）	外地车有效数（个）	外地车超标率（%）
石家庄市	12175	9.1	311	10.6	309	10.7	2	0
秦皇岛市	207804	3.7	71437	8.0	70924	8.0	513	9.6
合计	219979	3.3	71748	8.0	71233	8.0	515	9.5

①按燃油类型分类分析。

汽车按照其使用燃油的不同主要可以分为柴油车、汽油车、天然气和混合动力车等几大类。将所得监测数据按照燃油类型分类后，分别按照对应的标准进行达标情况分析，分析结果见表 3-6。

不同燃油车型达标情况分析　　表 3-6

车　　型	有效数（个）	达标数（个）	超标数（个）	超标率（%）	超标因子	平均超标倍数
柴油车	14604	12652	1952	13.4	不透光度 (100%)	0.2
汽油车	56962	53190	3772	6.6	NO_x（71.4%） CO（29.4%） HC（1.4%）	NO_x（0.7） CO（0.7） HC（8.2）
天然气车	122	100	22	18.0	NO_x（86.4%） CO（13.6%）	NO_x（2.1） CO（0.5）
混合动力燃料车	40	32	8	20.0	NO_x（87.5%） 不透光度（12.5%）	NO_x（0.6） 不透光度（0.1）

柴油车超标的主要因子是不透光度，其中重型货车和重型专项作业车超标较严重，超标 0.51~14.6 倍；汽油车超标的主要因子为 NO_x 和 CO，其中小型汽车、小型轿车、小型普通客车 CO 超标较严重，小型汽车、小型轿车、小型普通客车和轻型普通货车 NO_x 超标较严重。另外，部分汽油车的 HC 超标倍数较高，主要是小型汽车。对于天然气车，超标的主要是重型自卸货车、重型普通半挂车和重型半挂牵引车。

②按行驶总里程分类分析。

有研究显示，行驶里程对车辆排放污染物的影响基本呈二次曲线关系。而按照机动车强制报废标准规定，非营运的小、微型非营运载客汽车在行驶里程达到 60 万 km 后，将实行引导报废。而从目前实际情况来看，只有出租车行程达到或超过 60 万 km，私家车超过 60 万 km 的非常少。因此，按 10 万 km 一挡将超标车辆的遥测数据分类后，分析其达标情况，结果见表 3-7。行驶里程小于等于 10 万 km 的超标率为 8.0%，10 万 ~20 万 km 的超标率为 16.6%，20 万 ~30 万 km 的超标率为 7.7%（由于数据量较小，超标率统计可能不准确）。大于 30 万 km 的车辆未获得有效样本。从获得的数据来看，行驶里程 10 万 km 及以下的车辆占整个统计数据的 93.1%。

不同行驶总里程达标情况分析　　表 3-7

车　型	有效数（个）	达标数（个）	超标数（个）	超标率（%）
10 万 km	34602	31848	2754	8.0
20 万 km	2531	2111	420	16.6
30 万 km	13	12	1	7.7

注：秦皇岛 12 月份监测数据未获得行驶里程数据

③按车龄分类分析。

车龄是影响尾气污染物排放量的重要因素。有研究显示，车龄在 6 年以内时，NO_x 和 HC 排放因子变化不是很明显，但是当车龄大于 6 年时，污染物排放因子会急剧上升。因此，按车龄大小将汽车分为 4 挡：6 年以下（含），6 年以上至 10 年（含），10 年以上至 15 年（含），15 年以上。将所得遥测数据按照车龄分类后，分析其达标情况，结果见图 3-43。

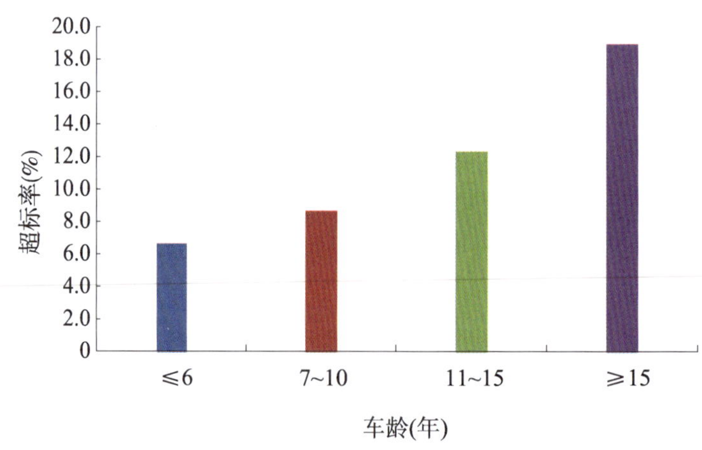

图 3-43　不同车龄车辆超标率

④按排放阶段分类分析。

我省目前已经实施到第五阶段标准。因此，按排放标准分类，可以分为6类。将超标车辆的遥测数据按排放标准分类后，分析其达标情况，结果见图3-44。国0的车超标率为15.6%，国Ⅰ的车超标率为14.3%，国Ⅱ的车超标率为11.6%，国Ⅲ的车超标率为11.0%，国Ⅳ的车超标率为6.3%，国Ⅴ的车超标率为3.2%。

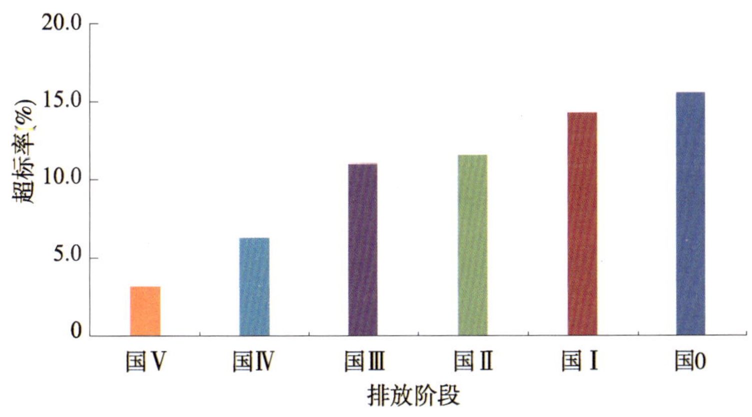

图3-44 不同排放标准车辆超标率

⑤按汽车排量分类分析。

将所得遥测数据按照大、中、小排量（排气量1.6L以内为小排量汽车，在1.6~4.0L之间为中排量汽车，大于4.0L的为大排量汽车）分类，分析其达标情况，结果见图3-45。小排量汽车的超标率为7.2%（其中载客车为7.1%、载货车为0.1%），中排量车的超标率为7.9%（其中载客车为7.5%、载货车为0.4%），大排量车的超标率为16.0%（其中载客车为0.9%、载货车为15.1%）。

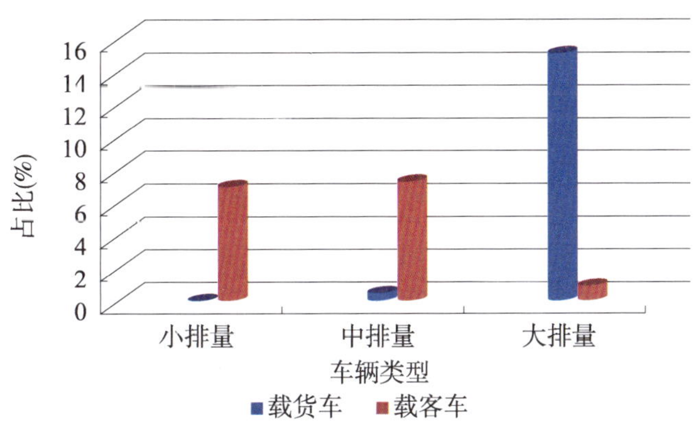

图3-45 不同排量车辆超标占比

大货车一般都是重型汽车，是指质量为 3.5t 以上的载货汽车，大货车基本上都是大排量汽车。分析秦皇岛超标 15.1% 的大货车数据：大货车尾气排放超标倍数是微、小型客车的 3.29~39.9 倍，具体数据详见表 3-8。

大货车和微、小型货车超标情况比较　　表 3-8

车　型	CO 均值	HC 均值	NO 均值	不透光系数均值	超标倍数均值	相当于多少微、小型客车排放
不达标柴油大货车	0.308	16.1	580	2.48	1.24	3.29
不达标天然气大货车	1.64	8.63	5344	1.05	2.67	39.9
达标微、小型货车	0.258	10.7	134	0.754	—	—

（3）遥测超标车辆分析

项目组将所有遥测超标的汽油车信息与检测机构初检信息进行了比对（柴油车样本数量较小，数据代表性不高），同时进行分类汇总，可以归纳出排名靠前的超标车型和生产厂商，遥感检测超标车数量前 15 名中，有 7 个厂家在机构检测初检不合格率中占前 15 名，显示了遥感检测与工况法检测的相关性，可以作为路上执法的参考依据。这些信息能够为政府决策和管控措施能够提供非常有效的支撑，排名靠前的超标车型和生产厂商必然是新车源头控制的重点（表 3-9）。

遥感检测与数据库检测结果关联性情况　　表 3-9

遥感超标车厂家排名	遥感超标数量（个）	遥感超标车机构检测不合格数（个）	数据库初检不合格车辆制造厂排名	数量（个）
A	308	72	G	5319
B	238	57	I	984
C	199	45	E	932
D	164	24	C	895
E	160	19	B	749
F	118	21	P	612
G	110	17	Q	468
H	94	27	R	459
I	91	17	S	434
J	86	6	T	373
K	65	7	U	357
L	60	11	A	274
M	59	9	V	273
N	55	3	W	245
O	55	20	D	207

遥感检测超标车辆在机构检测中超标率为17.7%，其中小排量载客车辆超标率最高为15.2%，载货汽车与大排量载客汽车超标率均低于5%，其原因可能为：第一，小排量载客车辆保有量最大，2016年全省小型和微型载客车辆占比超过八成；第二，大排量载客汽车普遍配置较高，其环保设备也相对较先进；第三，载货汽车尤其是大货车在省内定期检测主要视车况而定，现实情况是基本都未采用加载减速法检测，绝大部分是自由加速法，因此与实际道路行驶状况差别很大，遥测超标率高而定期检测超标率比较低。

现在，车辆的各种信息和遥感数据的信息暂时还没有完全匹配，部分是由于没有车辆的完整信息，另一方面，遥感数据和机构定点检测的数据还是有相当大的差异，这也是下一步需要研究和提高的地方。

2. 北京市遥测数据分析

（1）海淀遥测数据分析

2015年海淀遥感监测数据：19天共检测57523辆车；获得22058个车辆有效数据，其中达标数为21968个，超标数为90个，超标率为0.4%；共获得京牌车有效数据20364个，超标数为82个，超标率为0.4%；共获得非京牌车有效数据1694个，超标数为8个，超标率为0.5%；共获得冀牌车有效数据328个，超标数为5个，超标率为1.5%；超标冀牌车在超标非京牌车中的占比为62.5%。

（2）丰台遥测数据分析

2015年丰台遥感监测数据：22天共检测84507辆车；剔除其中6天的异常数据（超标率分别为22.4%、32.1%、44.4%、50.2%、55.1%、72.7%）后，获得49480个车辆的有效数据，其中达标数为45128个，超标数为4352个，超标率为8.8%；共获得京牌车有效数据45248个，超标数为3957个，超标率为8.8%；共获得非京牌车有效数据4232个，超标数为395个，超标率为9.3%；共获得冀牌车有效数据1948个，超标数为176个，超标率为9.0%；超标冀牌车在超标非京牌车中的占比为44.6%。

（3）亦庄遥测数据分析

2015年亦庄的遥感监测数据：11天，共检测20748辆车；获得15526个车辆的有效数据，其中达标数为15164个，超标数为362个，超标率为2.3%；共获得京牌车有效数据15161个，超标数为349个，超标率为2.3%；共获得非京牌车有效数据365个，超标数为13个，超标率为3.6%；共获得冀牌车有效数据74个，超标数为7个，超标率为9.5%；超标冀牌车在超标非京牌车中的占比为53.8%。

综合以上的分析数据，结合3个监测点的地理位置（图3-46），可以看出，海淀区的监测点和亦庄的监测点，所测得的非京牌车超标率远低于丰台区的监测点测到的数量。丰台区监测点位于G4（京港澳高速），车流量大，为西部和南部外地车进京的主要通道，外地车超标率最高，达到了9.3%，而在超标的外地车中，冀牌车占比高达44.6%。

图3-46　北京市遥感监测点位图

3. 河北省和北京市遥测数据对比分析

通过对河北省和北京市两地的遥感监测数据对比，北京市平均超标率为5.5%，本地车超标率为5.4%，外地车超标率为6.6%；河北省平均超标率为9.3%，本地车超标率为9.3%，外地车超标率为9.5%。河北省平均超标率及本地车超标率均高于北京市水平。具体分析数据详见表3-10。

河北省和北京市遥测数据对比分析 表3-10

区 域	总有效数（个）	超标率（%）	本地车有效数（个）	本地车超标率（%）	外地车有效数（个）	外地车超标率（%）
北京市	87064	5.5	80773	5.4	6291	6.6
其中：海淀	22058	0.4	20364	0.4	1694	0.5
丰台	49480	8.8	45248	8.8	4232	9.3
亦庄	15526	2.3	15161	2.3	365	3.6
河北省	71748	9.3	71233	9.3	515	9.5

4. 结论

（1）利用遥测车和固定式龙门架的遥测方式来监测，可以真实地反映机动车实时排放的状况，及时发现高排放车辆。遥测数据与定点监测数据匹配性有待增强，遥测数据收集、利用与综合分析有待研究和开发。

（2）综合石家庄市和秦皇岛市两地遥测数据：共监测219979辆车，识别车辆127577个，识别率为58.0%，达标率约为90.7%，超标率约为9.3%。外地车超标率高于本地车水平。

（3）按燃油类型分类，柴油车的超标率为汽油车的2倍。

（4）按行驶里程分类，行驶里程在10万~20万km的超标率最高。

（5）按车龄分类，车龄6年以下的汽车超标率最低，随着车龄增加，超标率呈现出加速增长的态势。

（6）按排放阶段分类，排放阶段越高的车超标率越低，国0、国Ⅰ、国Ⅱ车超标率为国Ⅳ车的4~5倍。

（7）按排量分类，排量越大的载货汽车超标率越高，大货车的超标率为15.1%，远高于平均水平，大货车尾气排放超标倍数是微、小型车的3.29~39.9倍。

（8）河北机动车的平均超标率及本地车超标率均高于北京水平，在北京超标的外地车中，冀牌车占比高达45%。

（四）“十二五”机动车初次检测合格率统计

随着我省机动车环保检测地方标准发布、油品不断升级、汽车生产标准不断提高、新能源汽车保有量不断增加、机动车环保检验不断规范等一系列措施的实施，机动车环保检验初次检测合格率也随之不断变化。

从表 3-11 以及图 3-47 可以发现，随着 2013 年河北省机动车环保检测地方标准发布实施、河北省机动车环保检验系统整体升级，不同排放阶段机动车检验合格率均出现下降趋势。说明随着标准提高、管理手段增加，机动车环保检验走上正轨。

不同排放阶段在用车初检合格率统计（%）　　表 3-11

排放阶段	2011 年	2012 年	2013 年	2014 年	2015 年	2016 上半年
国 0	81.22	78.03	79.46	75.11	78.95	74.39
国 I	83.47	94.16	92.56	82.80	74.00	75.24
国 II	81.58	90.68	94.02	85.59	76.73	77.51
国 III	90.11	90.63	95.87	90.94	89.87	88.74
国 IV	96.33	94.77	97.55	94.00	92.56	90.37
国 V	100.00	100.00	99.43	93.76	93.91	94.87

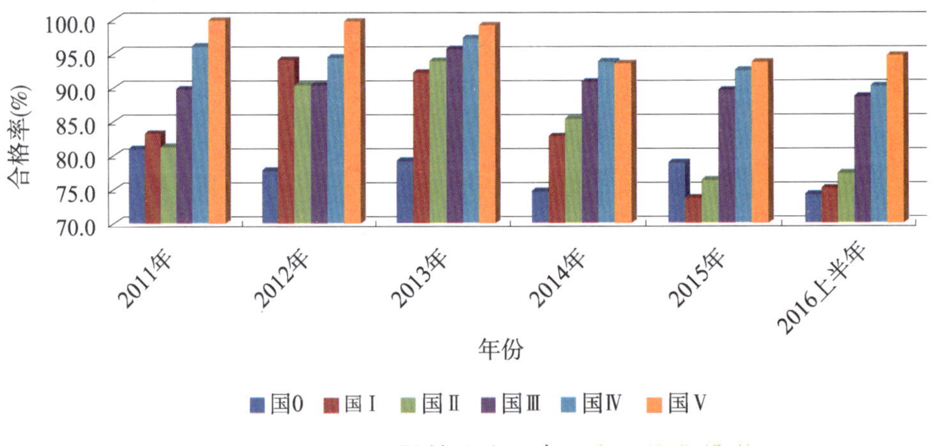

图 3-47　国 0 ~ 国 V 排放阶段在用车初检合格率

从表 3-12 可以看出，随着油品不断提高，受河北省地标发布等政策措施影响，机动车初检合格率不断发生变化。2013 年 7 月 1 日起柴油国Ⅲ标准实施，在用柴油车初检合格率 2013~2014 年出现提升现象，而后随着河北省机动车环保检验管理不断完善，出现下降现象。在用汽油车初检合格率基本保持稳定态势。

不同油品阶段在用汽车初检合格率统计（%） 表 3-12

	2011 年	2012 年	2013 年上半年	2013 年下半年	2014 年	2015 年	2016 年上半年
柴油油品	国Ⅲ及以前标准			国Ⅲ标准		国Ⅳ标准	国Ⅴ标准
在用柴油车初检合格率	88.9	84.9	82.2	83.6	85.0	81.3	79.9
汽油油品	国Ⅲ标准				国Ⅳ标准		国Ⅴ标准
在用汽油车初检合格率	89.2	86.1	85.5	82.5	77.9	79.3	73.3

从表 3-13 以及图 3-48 中可以看出，受到油品提升、河北省地方标准发布、新能源机动车不断增多、机动车环保检验管理不断规范等政策措施影响，微型、小型载客汽车，微型载货汽车初检合格率 2011~2014 年呈下降趋势，而后提高；中型载客汽车、轻型载货汽车初检合格率出现持续下降趋势；大型载客汽车初检合格率 2011~2014 年出现上升趋势，而后下降；重型载货汽车初检合格率基本保持稳定。

不同车型在用汽车初检合格率（%） 表 3-13

车型		2011 年	2012 年	2013 年	2014 年	2015 年	2016 上半年
载客汽车	微型	88.21	86.94	81.65	68.45	72.82	75.47
	小型	86.35	87.81	88.19	77.75	79.07	79.99
	中型	89.13	85.37	87.88	83.37	79.40	76.76
	大型	82.01	84.70	89.93	89.92	86.43	79.03
载货汽车	微型	86.55	82.69	80.03	71.66	78.12	79.30
	轻型	87.63	88.68	87.66	83.39	77.53	69.20
	中型	87.88	89.75	84.48	88.38	80.49	72.07
	重型	81.79	82.18	81.57	83.22	85.66	82.47

由表 3-13 的数据来看，2014~2016 年初检合格率比较低的是微型载客汽车和轻型载货汽车，分析原因一个是实施工况法之后，标准提高了，微型载客汽车和轻型载货汽车合格率下降，另外，由于河北省的经济发展状况，个人购买

的微型载客汽车和轻型载货汽车有的质量不过关，存在销售假国Ⅳ柴油车的情形。重型载货汽车则是由于使用加载减速法测定的量非常小，一直沿用自由加速法。

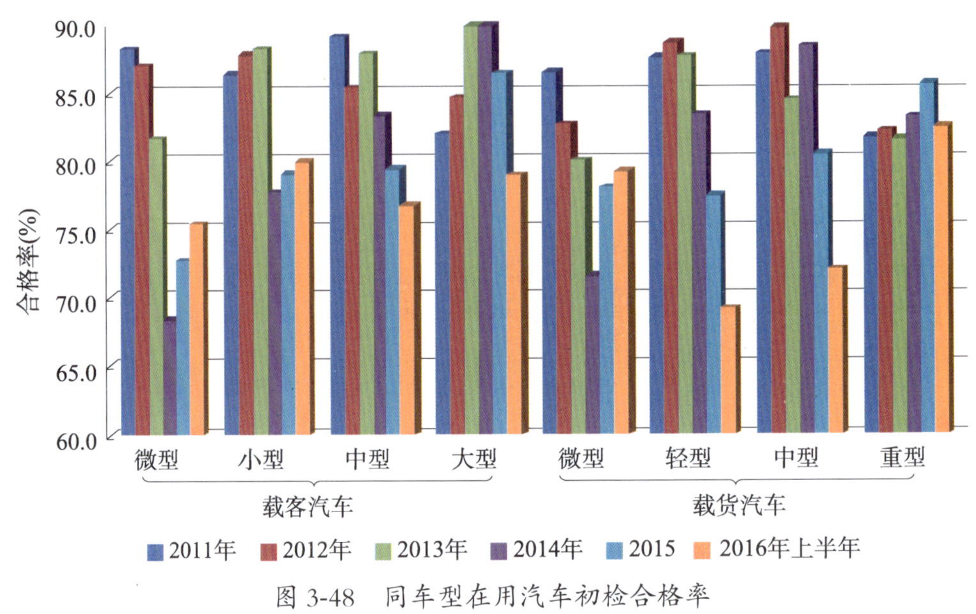

图 3-48　同车型在用汽车初检合格率

四　小结

通过对保有量的分析，可以看出，河北省机动车增长量迅猛，其中小型载客汽车最多，占到总量的55%。国Ⅲ和国Ⅳ机动车占主导地位，燃料大部分使用汽油，绿色汽车比例较小。统计数据显示大型载客汽车和重型货车年均行驶里程较多。

河北省各类污染物排放量在全国位列第二，总量较大，分析各类车型排放情况显示：保有量占比4%的重型载货在NO_x、HC、PM排放量中占比均为第一，CO排放量排名第二；小型载客汽车CO排放量占比最大，HC排放量排名第二；大型载客汽车NO_x排放量位列第二。

河北省交通流量较大，境内16条普通国道、14条国家高速公路、14条地方高速公路、124条普通省道每天车流量171.5万辆，其中大型货车和特大型货车38.2万辆，约占22.3%，其中过境车27.0万辆，过境大货车10.0万辆。

过境大货车排放的 NO、HC、PM 占全省汽车总排放量的 8.0%、3.7% 和 4.8%。

城区交通拥堵状况比较突出，“十二五”期间道路增长远远不能满足机动车增长的需求。重点城市城区主要道路口交通流量早高峰和晚高峰高出平均值近一倍，高峰期车速相应也降低了近一半，尾气污染加剧。

通过对路边交通点监测结果与附近环境空气质量监测结果之间的比较，得出结论：

①机动车尾气排放成为影响城区环境空气质量的主要污染源，NO_x 和 O_3 尤其明显。

② NO_x 在夏季和冬季呈现不同的状态，交通监测点 NOx 浓度变化与车流量密切相关。

③ O_3 在夏季和冬季浓度差别较大，交通点的 O_3 值都低于环境点。O_3 的浓度与气温和太阳辐射密切相关。

④在夏季，高温和强辐射以及机动车的排放污染物（NO_x 和 VOCs）加速了 O_3 的形成，在 O_3 浓度急剧升高的时段，NO 浓度降至最低，加速了 NO 向 NO_2 的转化。

⑤秋季，夜间凌晨时分交通流量较小的时候，NO_x、PM、CO 等污染物浓度反常升高，结果调查与夜间施工有关。

⑥“利剑斩污”行动方案实施期间，在单双号限行措施下，早高峰时段，机动车流量减少了约 30%，交通点的 NO_x 浓度消减了大约 17%。

通过对遥感监测数据的分析，得出：

①车辆识别率不到六成，有待提高。

②车辆平均超标率约为 9.3%，外地车超标率高于本地车水平；柴油车的超标率为汽油车的 2 倍；行驶里程在 10 万 ~20 万 km 的超标率最高；车龄 6 年以下的汽车超标率最低，随着车龄增加，超标率呈现出加速增长的态势；排放阶段越高的车超标率越低；排量越大的货车超标率越高，大货车的超标率远高于平均水平。

③河北省机动车的平均超标率及本地车超标率均高于北京市水平，在北京

市超标的外地车中，冀牌车占比高达44.6%。

④遥测数据综合分析运用，能够极大地提高管理工作的效率，现阶段要解决遥测数据的可靠性和可比性。

机动车初检合格率的变化反映了汽车生产标准、油品提升、环保检测地方标准实施等一系列管理措施的综合效果。

第四章　国内外汽车尾气污染防治政策

一　国外机动车管理现状

（一）新车污染控制管理

1. 美国

前美国环保局、纽约市空气资源部汽车排放专家 Michael Walsh 表示，美国针对每个汽车类别都有两套独立的标准，一套是针对城市空气污染（比如 NO_x 或者颗粒物），另一套则是应对气候变化及温室气体效应（例如 CO_2 等）。美国的新车污染控制管理体系分为四个阶段：生产前鉴定、产品合格性试验、产品一致性试验和商品监督。

①生产前鉴定。就是在制造厂生产线投产之前必须证明生产线上各种发动机都能满足排放标准。

②产品合格性试验。包括三方面的内容：

a. 功能检查，即检查每辆车的排放物控制系统功能。

b. 怠速试验，测定每辆产品车怠速下的排放量。

c. 装配线试验终了时，还要按全套 CVS 试验规程抽试 2% 的产品，此 2% 的抽样车每种污染物的平均排放量必须低于规定的限值。

③产品一致性试验。抽取少量能代表 95% 排放质量的新车，3 辆为一组，连续 3 天每天按定额采样系统（CVS）试验规程做一次测定，取其平均数。如果有两辆车的一种或两种污染物超过限值的 15% 或者有一辆车的 3 种污染物的排放限量超过 15%，则认为不通过。制造厂可以再提供两辆车做进一步试验，如果 5 辆车中的 3 辆有一种或两种污染物的排放量超过限值，或者两辆车有 3

种污染物超过限值，则认为不合格。进口汽车要提供排放测试数据及样车，被证明满足美国排放标准准许销售。新车一旦被美国环境保护署（EPA）和加州空气资源委员会（CARB）证实排放存在问题，制造商或进口商将会被严厉处罚，同时要求全部收回这些车辆进行改造。

④商品监督。是由空气资源委员会的官员到任选的几家店，检查车辆所装的排放物控制装置的安装情况和调整参数是否符合要求。如果发现了不合格的车辆，行政官员就要求制造厂商提交一份使所有装这些种类发动机的车辆符合标准限值的计划。计划中包括修复有毛病的车辆和收回已出售车辆的内容。在修复之前将强制暂停出售。对每辆不合格车，销售者要罚款 50 美元，对制造厂商每出售一辆不合格车，罚款 5000 美元。

2. 日本和欧洲

①日本对于新开发的车型采用型式认证的方式控制。型式认证分型式认定和型式认可。通过型式认定的车型，在出售时每一辆车都附有汽车厂的认定证书，在车辆注册时无须检测。通过型式认可的车型，在车辆注册时还要进行简单的检测。对于申请型式认定资格的汽车厂，要对其试验设备的能力进行认定。新型车的认证试验由运输省的“交通安全和公害研究所”进行，生产厂家进行一定比例的产品检测，但其实验室需经认定，检验结果上报运输省。为了简化认证手续，日本将整车按车辆型式进行分类。属同一种类型的车辆，只要其中一种车辆通过了认证，其他车辆也就通过了认证。日本还建立了尾气排放物控制装置的型式认定制度，以及对进口车的特殊处理办法，这两方面是别的国家所没有的。

日本汽车排放法规的限值有最高值和平均值两种，产品车的比例检验值都要用耐久性试验中得到的劣化系数进行修正，每一辆车的排放量不得超过最高值，而一个季度各辆车的平均值，不得超过规定限值中的平均值。

②欧洲也按车型对汽车进行分类以简化认证工作，对汽车厂的质量保证体系进行认定；由认证权力部门（一般为运输部门）授权的试验机构进行新车的认证试验和产品车的一致性试验。

（二）在用车污染控制管理

1. 在用车检查 / 维修制度（I/M 制度）

I/M 制度可以有效地控制在用车的排放，是新车实行强制性标准的补充，它的作用主要表现在两个方面：一是它可以识别出有系统故障从而导致排放超标的高排车；二是它可以确定机动车的故障根源，对车辆进行维修，并督促车主加强维护，从而使机动车在其整个生命周期内，排放控制技术一直发挥有效。

2. 担保、回收及监督制度

美国的排放法规要求，汽车制造商在规定的耐久行驶里程内应对汽车的排放质量负责。如果车主一直按照厂家要求的详细说明书进行使用、维护、保养，若在规定的期限内发现某一与排放有关的零部件出现故障，从而影响到它的排放性能，则制造商必须根据担保制度的有关规定，对机动车进行免费修理。若故障的次数超过规定的比例，制造商必须对所生产的该车型的全部车辆实施回收，并通过采取修理、更换或赔偿的方式来纠正车辆存在的缺陷与不符，保证经认证的车辆能安全行驶，排放污染合格。

排放监督规划给汽车排放提供了现实行驶的可靠数据，恰好可弥补原型车实验的不足，通过把这些重要的信息提供给大气质量计划机构、汽车管理机构和制造厂家，能够使排放控制规划更切合实际，也能促进技术的进步。

3. 加速淘汰制度

在国外，淘汰在用车是很平常的事，而且多属于自然淘汰。如美国是汽车工业高度发达的国家，高产出，高消费，老百姓更新车辆的频率相对较高。当然政府也鼓励在用车的淘汰，大体上是通过加严排放标准或增加年检的费用等方法来非强制性淘汰在用车，日本采用增加老车的年检频率、检查费用，延长新车的免检期限等措施来加快旧车的淘汰。

（三）其他机动车排放控制管理

1. 排放标准的变通方法

在高度污染地区对各种使用的车辆制定不同的排放标准。如美国，在大城市城区行驶的机动车必须满足“清洁燃料车”规划，一个确保汽车通过低排放认证的规划；在墨西哥的高污染区对以汽油为燃料的小巴建立了特别严格的排放标准；在智利、圣地亚哥的公共汽车先于其他汽车被要求满足排放标准。

2. 交通管理法规和措施

国际上所使用的有助于控制汽车排放污染的交通管理手段主要有：

①限速。高速行驶会导致 NO_x 排放的大幅度增加，若没有催化转化器，还会导致 CO 的大量排放。该措施较为经济，但实施起来较难以控制。

②规定最长怠速时间。这一措施已在部分国家中采用，允许的时间范围为1~5min。虽然这一行为的直接环境效益尚待商榷，但其对公众提出了一种警告信号。

③扩大公共运输。采用对公共交通有利的标准与限制私家车相结合，并注意城市功能分区，合理安排交通量。这一措施多依赖于各地方政府，已在欧洲各城市中广泛采用。

④大力推行智能交通系统 (ITS)。ITS 是将先进的信息技术、数据通信传输技术、电子控制技术和计算机处理技术等有效地综合运用于整个交通管理系统，这是一种实时、准确、高效的运输综合管理系统。整个系统优化了城市区域交通流量分配，从而降低了城市的机动车排气污染。

（四）国外机动车管理机构的建设

1. 美国管理机构

在美国联邦政府层面，机动车污染控制的主管部门是美国环境保护署和交通运输部。《空气清洁法》授权美国环保局采取措施治理空气污染，针对机动车排放污染，在美国环境保护署大气与辐射办公室下设交通与空气质量办公室 OTAQ（Office of Transportation and Air Quality），负责执行法律，以控制来自于交通方面的空气污染，最终达到协调交通与环境之间的关系，为公众创造出更多宜居社区的目的。

OTAQ约有400名工作人员，或者是汽车机械、工程、化工等方面的技术人员，或者是经济、法律、资源管理等公共政策领域的学者。他们分布在OTAQ的六大部门中，分别从事技术研发、标准评估、战略创新、试验、气候变化研究、地区项目管理等工作。自创建以来，OTAQ的职责主要集中在：开发制定机动车污染排放及燃油的国家标准，检查并确认国家标准的执行情况，对控制污染排放的技术进行评估，监测车辆、发动机以及燃油，实施各种治污项目等。

2. 欧洲管理机构

欧洲许多国家是由认证权力部门(一般为运输部门)授权的试验机构对机动车进行认证。按车型对汽车进行分类以简化认证工作，查看是否达到排放标准。同时也需对汽车厂的质量保证体系进行认定。

3. 日本管理机构

基于《大气污染防治法》的规定，为了实时掌握空气质量，各都道府县有义务设立大气测定局，并将所得结果报告环境大臣。日本在全国范围内设立了一般环境大气测定局和自动车尾气测定局（简称一般局和自排局）。一般局对包括机动车排放尾气在内的大气环境进行监测，而自排局专门监测机动车尾气的排放。自排局通常设立在道路两侧、十字路口、交通阻塞严重路段等容易受到机动车尾气污染的地区，全天候监测机动车尾气的排放。日本自排局对机动车尾气污染物质的监测主要包括：NO_x、PM、SO_2、光化学烟雾等。

日本《大气污染防治法》依据不同的行政级别和情势，分别规定了内阁政令、总理大臣、环境厅长官的权力和征询意见程序。在实施规划时，中央环境会议根据提问和建议，由环境厅官员根据《大气污染防治法》，制定汽车在一定工况下行驶时向大气中排放气体量的允许标准（1971年，环境厅第一号告示）。国土交通厅批准这个标准，按照道路运输车辆的保安基准，制订必要的措施，确保道路运输车辆达到该排放标准。

日本的排放控制在近期减缓和中远期规划等多个层面得以实施，其中涉及政府管理机构、企业运营单位以及车辆驾驶者等各相关方。政府机构的职责既体现在对现有车辆的规制和管理上，又反映在机动车宏观发展规划和技术路线图的制定方面。企业运营单位的责任包括车辆减排技术的研发和应用，以及环保车型的市场化推广和辅助设备安装等。车辆驾驶者在实施自我驾驶管理的过程中，能够获得燃油费用节省和尾气排放降低的双赢效果。

二 国内机动车污染控制管理现状

（一）机动车环境管理状况

1. 新生产机动车环境管理

我国对新生产机动车开展的环境管理，主要通过制定和实施国家机动车污染物排放标准，从设计、定型、批量生产、销售等环节加强环境监管，保证机动车能够稳定达到排放标准的要求。新生产机动车环境管理是从源头预防和控制机动车污染物排放的重要手段。

为推动机动车生产和排放控制技术的发展，我国不断严格新车排放标准，相继颁布实施了《轻型汽车污染物排放限值及测量方法（Ⅰ）》（GB 18352.1—2001）、《轻型汽车污染物排放限值及测量方法（Ⅱ）》（GB 18352.2—2001）、《轻型汽车污染物排放限值及测量方法（中国Ⅲ、Ⅳ阶段）》（GB 18352.3—2005）等标准，基本建立起我国的机动车排放标准体系。作为GB 18352的补充，《轻型混合动力电动汽车污染物排放控制要求及测量方法》（GB 19755—2016）已于2016年9月实施；《轻型汽车污染物排放限值及测量方法（中国第五阶段）》（GB 18352.5—2013）也将于2018年实施。在机动车污染物排放标准的制定上，国家除对轻型汽车制定了相关标准外，还对非道路移动机械、摩托车、三轮汽车和低速货车等相继制定了污染物排放标准。目前，非道路移动机械、三轮汽车和低速货车分别执行《非道路移动机械用柴油机排气污染物排放限值及测量方法(中国第三、四阶段)》(GB 20891—2014)和《三轮汽车和低速货车用柴油机排气污染物排放限值及测量方法(中国Ⅰ、Ⅱ阶段)》(GB 19756—2005)。2016年新修定的《摩托车污染物排放限值及测量方法(中国第四阶段)》(GB 14622—2016)和《轻便摩托车污染物排放限值及测量方法(中国第四阶段)》(GB 18176—2016)也将于2018年7月实施。新车排放标准的实施,在机动车型式核准、生产一致性和在用符合性检查等方面进行机动车污染源头的控制。

截至2015年年底,全国新生产机动车排放标准实施进度,见表4-1。

全国新生产机动车排放标准实施进度 表4-1

车型		2006	2007	2008	2009	2010	2011	2012	2013	2014	2015
轻型汽车	柴油车	国Ⅱ			国Ⅲ				国Ⅳ		
	汽油车	国Ⅱ			国Ⅲ		国Ⅳ				
	气体燃料车	国Ⅱ			国Ⅲ		国Ⅳ				
重型汽车	柴油车	国Ⅱ			国Ⅲ				国Ⅳ		
	汽油车	国Ⅱ				国Ⅲ			国Ⅳ		
	气体燃料车	国Ⅱ		国Ⅲ			国Ⅳ		国Ⅴ		
摩托车	两轮和轻便摩托车	国Ⅱ				国Ⅲ					
	三轮摩托车	国Ⅱ					国Ⅲ				
低速汽车		无控制要求	国Ⅰ	国Ⅱ							
非道路移动机械	柴油发动机	无控制要求		国Ⅰ		国Ⅱ					国Ⅲ
	小型汽油发动机	无控制要求						国Ⅰ		国Ⅱ	

2. 在用机动车环境管理

在用机动车环境管理由各级环境保护行政主管部门依法组织实施。目前已建立了机动车环保定期检验、“黄标车”加速淘汰等管理制度。各地法规、标准和机构能力建设不断加强,在用机动车环境管理体系基本形成。

为适应在用汽车排放监管的需要,2005年国家颁布实施了《点燃式发动机汽车排气污染物排放限值及测量方法(双怠速法及简易工况法)》(GB 18285—2005)和《车用压燃式发动机和压燃式发动机汽车排气烟度排放限值及测量方法》（GB 3847—2005）。2015 年，全国参加环保定期检验的汽车共有 11971 万辆，占全国汽车保有量的 74.0%。北京、天津和河北 11 个地级市等 119 个城市汽车定期检验率达到了 80% 以上。

各地政府为加强在用机动车排放污染的监管，相继发布了各省（区）的地方标准且多采用简易工况法进行在用机动车环保定期检验，河北省于 2014 年实施了《在用点燃式发动机汽车排气污染物排放限值及测量方法》（简易瞬态工况法）（DB 13/1801—2013）和《在用压燃式发动机汽车排气烟度排放限值及测量方法》（加载减速法）（DB 13/1800—2013）用于在用汽车排放污染的管理。截至 2015 年年底颁布的在用机动车地方标准共 47 个，其中北京市机动车地方标准体系比较健全，合计发布 7 个地标，涵盖了在用汽油车、柴油车、在用非道路柴油机械等多个方面的管理内容。

3. 机动车环境管理能力建设

2013 年 9 月，经财政部会签环境保护部发布了《关于印发全国机动车环境管理能力建设标准的通知》（环发〔2013〕113 号），将各地机动车环境管理看机构能力建设分为一级和二级标准，列入了《重点区域大气污染防治“十二五”规划》的地区执行一级标准，其他地区执行二级标准，鼓励有条件的地区提高能力建设标准。

截至 2015 年年底，北京、天津、河北、重庆、辽宁、江苏、内蒙古、陕西、山西、安徽、四川、山东、广西共 13 个省（自治区、直辖市）环境保护部门成立了专门的机动车环境管理机构；石家庄、长春、南京、青岛等 183 个城市组建了相应的市级机动车环境管理机构，比 2010 年增加机动车专职机构 125 个。

（二）国内机动车污染控制管理措施

1. 加强立法，全民参与

为加强机动车污染防治，2016 年 1 月实施的新《大气污染防治法》中“机动车船等污染防治”部分由原先的 4 个条款增加到现有的 18 个条款。“新大气法”按照“车油路”统筹的思路，加强了机动车的综合防治和全过程控制。随着新

《大气污染防治法》的出台，一些省市也相继出台了机动车污染防治方面的地方法规、规章，根据地方大气污染的特征加强本地和区域机动车污染防治工作。河北省自 2016 年 3 月 1 日起实施的《大气污染防治条例》中也明确提出了自己的要求，例如“第四十四条 新购置机动车应当符合本省污染物排放标准，或者经国家认可的检测机构检测确认达到本省新购置机动车污染物排放标准，方可在本省办理注册登记或者转入手续。”

2. 完善制度，加强监管

近年来，国家从新车生产、在用车管理等方面着手，初步建立起包括新车环保型式核准、生产一致性检查、在用车环保定期检验、道路抽检、停放地抽检、环保检验合格标志管理等制度（其中环保检验合格标志管理制度，已于 2016 年 8 月废止）。从加快淘汰黄标车和老旧车、提升燃料品质、改善城市交通管理、优化道路设置、大力发展公共交通等方面着手，全方位控制机动车污染。

3. 发展机动车污染控制技术，鼓励新能源车辆使用

尽快淘汰国Ⅱ及以前不达标柴油车，实施国Ⅲ和国Ⅳ不达标的柴油车技术升级和改造。降低单车污染排放，是机动车污染控制技术的关键。通过实施不断严格的排放标准，也加速了机动车污染控制技术的发展和应用，电控燃油喷射、稀薄燃烧、废气再循环（EGR）、改进混合气与燃烧、改进点火系统等机内净化技术，以催化净化为主的机外净化技术，增压中冷、吸附滤清和催化反应等柴油车排气净化处理技术，在机动车生产中得到了广泛应用。同时，国家和地方通过出台鼓励优惠政策，也促进了新能源车辆的研发、生产和使用。如：北京市 8800 余辆国Ⅳ、国Ⅴ柴油公交车实施了升级改造，单车减少 NO_x 排放 60% 左右，在全国率先全面实施重型柴油车第五阶段排放标准（北京市地方标准）。

（三）我国大城市机动车污染管理现状

1. 机动车污染管理经验

以北京、上海、广州、深圳、南京、杭州等大城市为代表，在城市机动车

污染防治方面探索了一定的管理经验，如：加强新车污染控制，对机动车生产、销售实施更加严格的排放标准，并加强新车生产一致性检查和入户管理，北京市计划 2017 年实行国Ⅵ排放标准；对在用机动车实行加强型的检测 / 维修（I/M）制度，采用简易工况法全面开展对在用机动车的排放检测，严格把关，不达标车辆不予进行安全技术定期检验；环保、质量技术监督部门联合执法，加强对油品质量的监督检查，保证车用燃料的质量；建立道路巡查、遥感检测、机动车环保合格标志检查、黑烟车举报等配套的管理制度，实施黄标车限行淘汰，加速老旧车辆淘汰，大力发展公共交通系统，积极推进天然气等清洁能源的使用，全方位控制机动车污染。

2016 年，广东省环境保护厅和省公安厅联合发布了《关于进一步加强机动车污染防治工作的通知》，对环保标志统一数据系统及加大黄标车淘汰力度和执法提出进一步要求，2016 年 6 月底前启动黄标车电子执法工作，引导车主提前淘汰黄标车等。这项规定将执行到 2019 年。

南京市下发了《2016 年南京市新能源汽车推广应用方案》，计划推广应用各类新能源汽车 2502 辆，硬性规定新增和更新的公交车、物流车（含邮政车）、环卫车等公共服务领域汽车中，新能源汽车比例不得低于 50%，路边停车将享首小时免费。

2. 国家和省级管理机构设置

（1）环境保护部机动车排污监控中心（VECC）

负责国内环保达标车（机）型型式核准的技术审查；新生产机动车生产一致性管理、低污染排放车型管理、在用机动车排放监督管理的技术支持；车用燃料和添加剂、润滑油环保指标制修订；机动车排放检测机构监督管理的技术支持；机动车污染防治技术培训；管理机动车环保网站；建立了网上申报信息平台，开展国内外技术交流合作。

（2）北京机动车污染监管中心

开展流动污染源及道路污染评估工作；机动车排放定期检验和环保标志发放的监督管理工作，对机动车检测场定期检验资质进行审查；新车环保一致性监测和在用车符合性检查；机动车排放污染控制的科研和检测工作，为管理部门决策提供依据；组织开展储油设施（加油站、储油库、油罐车）油气回收治理装置和油品清净剂添加情况的执法抽检（测）工作；接待、处理流动源污染相关投诉工作。

该中心设置了机动车排放监察科、机动车排放监控科、油气油品管理科、机动车排放实验室等业务科室。中心 80 多名专业技术人员，各区监管中心加起来有近千人的管理队伍。

（3）南京市机动车排气污染监督管理中心

依靠机动车排污监管系统，构建管理底层基础；依靠高污染车限行系统，实施非现场电子执法；依靠尾气遥感监测系统，实施道路车辆在线监管；依靠 OBD 动态监控平台，实施公交车在线工况监控；依靠智能交通信息平台，实施城市交通环保智慧管理；依靠油气在线监控系统，实施车油库动态实时监控；依靠远程监控视频系统，实施业务办公在线管理。

（4）河北省机动车排污监控信息中心

河北省政府在 2015 年挂牌成立机动车排污监控信息中心。主要负责起草控制机动车排放的地方性法规、规章草案及标准；协助省环保厅制定全省机动车排气污染阶段性的治理目标、防治规划和年度监督检查计划；对机动车的排气污染防治工作实施统一的监督管理；建立全省统一信息数据库及运行管理；对车用燃油品质及加油站油气回收进行监督管理等。人员暂定 15 人。

（四）河北省机动车排放管理现状

1. 建立"四统一"原则

（1）统一方法

2005 年在全省实施双怠速法开展环保检验工作，2013 年全省统一实施工况法进行检验。

（2）统一监测软件

自 2005 年开展环保检验委托工作开发了一套监测系统，在全国率先实现省内所有环检机构与省级环保监管部门联网，实现了数据同步上传。2015 年省政府投资 2000 万元，建设省级监控平台，通过升级改造原有机动车污染监测监管系统，建设遥感监测系统、公安车管业务联网系统，实现立体监管，也为京津冀及周边地区机动车污染联防联控提供有力的技术支撑。

（3）统一培训

相继编制了省内机动车发放污染检测培训教材和培训教程，对 2000 多名环检人员实行持证上岗，提升人员素质，规范机构日常检测行为。

（4）统一标志

2005 年在省内实行统一环保合格标志（环保部 2009 年实施），自标志管理实施以来取得了很好的社会效益和环境效益，推动了环检工作开展。

2. 黄标车、老旧车淘汰工作

到 2012 年底，河北省拥有高污染、高排放的“黄标车”130.95 万辆，“黄标车”NO_x 排放量占全省机动车 NO_x 排放量的 70%。按照《河北省机动车氮氧化物总量减排实施方案》要求，2015 年底除专项作业车外，基本完成了淘汰“黄标车”工作。

2014 年全省统一提前实施对新车登记，外省转入车辆凡未达到国家第五阶段机动车排放标准的，公安机关交通管理部门不予办理相关手续。

3. 燃料清洁化

加快车用燃油低硫化步伐，自 2012 年 3 月 31 日起，全省全面供应国Ⅲ标准的车用汽油；自 2012 年 12 月 31 日起，全省全面供应国Ⅲ标准的车用柴油；自 2013 年 6 月 30 日起，石家庄、唐山、廊坊三市供应国Ⅳ标准的车用汽油；自 2013 年 12 月 31 日起，全省全面供应国Ⅳ标准的车用汽油和车用柴油，将普通柴油含硫率降低至 0.035% 以下，实现车、油同步升级。2015 年对燃油实施国Ⅴ标准。

4. 京津冀联防联控

在北京市环保局大力协助下，河北省开展了辖区新车一致性检验工作。已抽取唐山市、廊坊市车辆送往北京市机动车排放管理中心进行检测。

河北省大气办 2016 年印发《河北省道路车辆污染整治专项行动方案》，在省界对过境车辆进行排放检测，对不达标车辆实施劝返。

目前，河北省新登记注册车辆数继续保持增长，总量调控难度极大。河北省报废汽车和趋于报废汽车的数量相当庞大，而这部分汽车的发动机和排气设备已经老化，尾气污染排放相当严重。国家还没有制定出台相应老旧机动车淘汰补贴政策，各地淘汰车辆进展缓慢，同时，由于正规报废拆解体系不尽合理，很多提前报废的车辆并不注销车牌。此外，由于工作基础的欠缺，监管力度不强，管理减排要求对大部分地区来说也很难在短期实现。总体看来，现阶段河北省机动车 NO_x 总量减排进展缓慢，形势依然严峻。

（五）河北省机动车污染管理存在的问题

①机动车污染控制法律、法规、标准、规范有待进一步完善。缺乏专门的机动车污染防治管理条例，尤其是针对重型柴油车氮氧化物的污染、机动车挥发性有机物的控制缺失。

②机动车污染管理需要多部门协同，河北省还未建立起相应的管理机制，部门（环保、工信、交管等）之间需进一步密切合作。

a. 未建立起自身的 I/M 制度。

b. 油品质量的监管。目前河北省已采用国Ⅴ排放标准的在用车燃油，但从环保部抽查的结果看，河北省部分加油站的油品还存在很大的问题，50% 的燃油达不到相应标准。

c. 部分政策执行不到位。在河北省还存在许多的假国Ⅲ假国Ⅳ的新车、部分检测设备或检测数据造假也是时有发生，以及黄标改绿标缺乏政策支持等。

③基础能力薄弱。在监管队伍建设方面，有的地市仅有 1~2 人，人员严重不足；在监管能力方面，技术力量落后，监管信息不共享。

④机动车污染控制技术滞后于欧美日等发达国家。机动车污染防治工作，应从源上解决问题。加大新车一致性查验的力度，加严相关标准，倒逼企业提升相应的技术能力。

⑤基础研究工作薄弱。机动车污染的底数不够精准，缺乏长期动态化数据，尤其是机动车污染与大气环境污染的关系研究不够深入。

⑥城市与道路的规划不满足车辆的增长需求。

三 小结

①项目组通过查阅资料，总结了国外（重点是美国、日本和欧洲）在新车和在用车、其他机动车排放控制管理方面的经验，以及国外机动车管理机构建设的情况。

②汇总梳理了国内机动车管理状况和污染控制措施。

③并实地调研了北京、上海、广州、深圳、南京、杭州等城市机动车管理情况，总结了这些先进省、市的管理模式、机构情况。

④针对河北省现状，对照先进省、市，找出了河北省机动车污染管理和机构能力建设等方面存在的问题。

第五章　河北省机动车污染防治对策

一　河北省机动车污染排放特征

河北省近年来雾霾频发，从各地的源解析结果可以看出，机动车带来的污染程度直逼工业和燃煤，污染占比在 10%~27% 之间，随着产业结构的调整、机动车保有量的迅速增长，机动车污染在河北省大气污染所占的比重不断增大，因此控制机动车污染对于河北省大气污染防治意义重大。

经过资料收集、现场调研、实地监测，将河北省机动车污染现状归纳总结如下：

①河北省机动车保有量居全国前列。机动车增长量迅猛，十年来河北省机动车保有量年均增长率为 7.3%，汽车保有量年均增长率更是高达 16.7%。非道路机械统计数据相对较少，有关研究显示非道路车辆污染排放量较大，应实时将非道路车辆纳入环保监管的对象。

②河北省机动车保有量构成：小型载客汽车、普通摩托车、轻型载货汽车、重型载货汽车占比分别为 55%、23%、7% 和 4%。国Ⅲ和国Ⅳ机动车占主导地位，燃料大部分使用汽油，绿色汽车比例较小。随着排放标准的加严及老旧车的淘汰，高排放标准的汽车占比在不断增长。

③根据 2016 年的数据显示大型载客汽车和重型货车年均行驶里程为 9.7 万 km 和 14.8 万 km。大型载客汽车和重型货车一般都是运营车辆，河北省客运、货运需求旺盛，因此关注客货运营车辆的排放，加大环保部门与交通运输部门的协作力度势在必行。

④河北省各类污染物排放量在全国位列第二，总量较大，分析各类车型排放情况：

a.CO 排放量：小型载客汽车和重型载货汽车的排放较大，其中保有量占比 55% 的小型载客汽车，其排放量为 97.2 万 t，占机动车 CO 排放总量的 38.1%，而保有量占比仅为 4% 的重型载货汽车，排放占比却高达 26.8%。

b.NO_x 排放量：重型载货汽车和大型载客汽车位列前两位，其中重型载货汽车的排放量占机动车排放总量的 60.8%。

c.HC 排放量：重型载货汽车和小型载客汽车排放量最大，分别占排放总量的 32.3% 和 27.8%。

d.PM 排放量：重型载货汽车排放占比高达 70.9%，而大型载客汽车、轻型载货汽车、低速货车的总和不超过 20.0%。

重型货车作为保有量占比较少而排放量占比最大的车型，应作为机动车环保的重点监管对象。

⑤“十二五”期间，石家庄、唐山、保定、邯郸市区分别新增通车里程 600km、236.3km、197.5km、1070km，而机动车保有量新增量分别为 109.97 万辆、57.2 万辆、88.7 万辆、40.27 万辆，平均增长比例为 6.39 万辆 /km。道路增长远远不能满足机动车增长的需求，矛盾突出。单纯的道路增长不能解决实际问题。

⑥河北省交通状况：

a. 重点城市石家庄、唐山、保定、邯郸城区主要道路口交通流量早高峰和晚高峰高出平均值近一倍，高峰期车速相应也降低了近一半，尾气污染加剧。

b. 河北省交通流量较大，境内 16 条普通国道、14 条国家高速公路、14 条地方高速、124 条普通省道每天车流量 171.5 万辆，其中大型货车和特大型货车 38.2 万辆，约占 22.3%。

c. 河北省每天的过境车约 27.0 万辆，其中大货车 10.0 万辆。过境大货车排放的 NO、HC、PM 占全省汽车总排放量的 8.0%、3.7% 和 4.8%。

d. 道路上一般通行量最大的是中小客车，宣大高速、大庆—广州高速公路、北京—福州占比最高，尤其是乘坐高铁、铁路不方便的地区，利用中小客车短途出行比较常见。

e. 在山海关—深圳公路、廊涿高速、荣成—乌海高速公路大客车的占比最高，跟风景区旅游部分相关。

f. 北京—哈尔滨、北京—上海、北京—台北高速公路上大型货车和特大型货车较多，东营—吕梁、北京—乌鲁木齐高速公路特大型货车占比超过 50%，体现了国家的运输通道，运输能源和生产资料等，彰显了经济发展的活力。

治理城区内部的交通拥堵能够部分减轻机动车排放的污染，而合理规划运输通道、改变运输方式能够事半功倍，过境大货车排放污染较重，对他们的控制应该在京津冀区域内统一协调，否则只是污染物的转移。

⑦通过对路边交通点的监测，比较附近环境空气质量监测点位监测结果之间的关系，得出结论：

a. 机动车尾气排放成为影响城区环境空气质量的主要污染源，NO_x 和 O_3 尤其明显。NO_x 在夏季和冬季呈现不同的状态，交通监测点氮氧化物浓度变化与车流量密切相关。O_3 在夏季和冬季浓度差别较大，路边点的 O_3 值都低于环境点。O_3 的浓度与气温和太阳辐射密切相关。

b. 在夏季，高温和强辐射以及机动车的排放污染物（NO_x 和挥发性有机物）加速了 O_3 的形成，在 O_3 浓度急剧升高的时段，NO 浓度降至最低，加速了 NO 向 NO_2 的转化。因此高温强辐射情况下，限制机动车的排放将有利于降低 O_3 的产生。

c. 秋季，夜间凌晨时分交通流量较小的时候，NO_x、PM、CO 等污染物浓度反常升高，调查结果与夜间施工有关。建筑工地的渣土车、工程车大多为重型柴油车，其尾气排放特征主要表现为高浓度的 NO_x 和颗粒物，这些车辆白天限制在市内通行，解除限行后的作业时段对环境空气质量造成了较大的影响。CO 浓度的提升或许与工业企业夜间偷排偷放有一定的关系。夜间的交通管控十分必要。

d. “利剑斩污”行动方案实施期间，在单双号限行措施下，早高峰时段，机动车流量减少了约 30%，交通点的 NO_x 浓度消减了大约 17%。在冬季等不利气象条件下实施单双号限行，对污染物浓度的控制会有一定的局部和短期效果。

机动车排放的 NO_x 和 HC，都是光化学反应生成二次污染物的主要前体物，协同控制相当关键。本次监测时间和频次、采样点位都有限，且没有 HC 的传感器，难于全面说清机动车污染排放在复杂的大气污染中的贡献率。建议适时在城市设置交通空气监测点（代表不同道路类型、车流量、车流密度等），将 HC 纳入监测范围，为机动车污染的监管提供基础数据支撑。

⑧全省机动车初次监测合格率统计的意义在于，通过对比和分析，弄清楚不合格车辆的典型特征，追根溯源，严格管理，重点监控。

⑨通过对遥感监测数据的分析得出：

a. 利用遥测车和固定式龙门架的遥测方式来监测，可以真实地反映机动车实时排放的状况，及时发现高排放车辆。遥测数据与定点监测数据匹配性有待增强，遥测数据收集、利用与综合分析有待研究和开发。

b. 综合石家庄和秦皇岛两地遥测数据：共监测 219979 辆车，识别车辆数 127577 个，识别率为 58.0%，达标率约为 90.7%，超标率约为 9.3%。外地车超标率高于本地车水平。

c. 按燃油类型分类，柴油车的超标率为汽油车的 2 倍。按行驶里程分类，行驶里程在 10 万 ~20 万 km 的超标率最高。按车龄分类，车龄 6 年以下的汽车超标率最低，随着车龄增加，超标率呈现出加速增长的态势。按排放阶段分类，排放阶段越高的车超标率越低，国 0、国Ⅰ、国Ⅱ的车超标率为国Ⅳ的车的 4~5 倍。按排量分类，排量越大的货车超标率越高，大型载货车的超标率远高于平均水平，大型载货车尾气排放超标倍数是微、小型客车的 3.29~39.9 倍。

d. 河北省机动车的平均超标率及本地车超标率均高于北京市水平，在北京市超标的外地车中，冀牌车占比高达 44.6%。可见京津冀机动车污染防治实施联防联控很有必要。

遥感监测作为筛选高污染排放车辆的手段，筛选高排放厂家、车型，为新车一致性查验执法提供数据筛选，提高执法效率，为监督在用车环保检验、I/M 制度的执行提供自动高效的监控手段。

二 河北省机动车污染防治对策

根据河北省机动车污染现状的研究结果，总结全省机动车污染监管存在的问题，借鉴国外先进经验，提出如下机动车污染防治对策：

1. 调整产业结构、注重协同共管

根据建设生态省的规划，进一步优化调整河北省产业结构，发展绿色产业，淘汰钢铁、水泥等落后产能，从源头降低与重工业关联的货运物流需求。做好京津冀协同发展交通一体化的实施工作，借鉴北京、天津的先进管理、技术经验，加强环保与发展改革、交通运输、公安、商务、质检、出入境管理等部门的协作共管机制，联合执法，探索建立长效化、制度化、规范化、科学化的多部门联勤联动的工作机制，为河北省机动车污染防治做好全局的谋划，积极、有力改善河北省大气环境质量。

2. 优化运输网络，完善交通体系

①优化全省交通运输组织结构，建设地方铁路网络，提升煤炭等大宗货物铁路运输比例，引导大宗物流企业使用铁路交通，提高公共物流配送使用效率。在黄骅港、秦皇岛港、京唐港（曹妃甸）等大型港口禁止使用煤炭汽运。鼓励规模以上物流运输企业制定高排放老旧车的更新计划。

②完善城市综合交通体系，减少大排量高污染车辆的远端绕行；加大公交、出租车、轨道交通的运输能力，提高公共交通出行比例；整治自行车及人行道，降低私家车出行需求和出行比例。

③设置城市低排放区域。为控制机动车污染排放对大气污染的贡献比例的增长，特别是削减上下班高峰期的污染峰值，适时研究出台机动车辆拥堵费征收等政策，各地区可根据当地大气环境质量状况划定低排放区域、禁行时段，科学制定高排放车辆禁行、限行与绕行方案，优化低排放区域范围内及周边交通组织。

④进一步加大新能源汽车推广力度。在公交、环卫等公共运输领域推广试

验新能源汽车，完善新能源汽车配套基础设施，探索新能源汽车配套基础设施投资、运营与管理的新模式，做好电池回收工作，完善新能源汽车保养维护网络。

3. 实施源头管控，加强污染防治

①强化机动车准入管理。建立数据库和新车名录，注册在案，每车进行跟踪，严惩假车、不达标车。探索建立环保生产一致性抽测工作机制。要加强市场监管、规范抽测方案，与北京市、天津市密切配合，对在全省范围内销售的车辆进行新车一致性查验和在用符合性的检查，确保各车型车辆达标排放。对生产、进口、销售排放不达标或私自降低标准车辆的企业依法予以处罚，并向社会公告。

②完善在用车监管。实施完善I/M管理制度，加大对车辆维修企业的监管；严格执行机动车排放检验制度，建立环保检验企业诚信管理制度；开展重型柴油车排放监督抽检工作，对不达标车辆进行劝返、处罚、限期整改等处置措施；对经维修、加装环保设施等措施后仍不达标的车辆实施强制淘汰；利用机动车车载排放诊断系统对汽车排放状况进行跟踪；在实行机动车年检时，对初检不合格车辆进行重点跟踪。

③有序开展老旧车淘汰，通过在用车检验、遥测、抽测等手段筛查高排放老旧车辆，制定老旧车淘汰时间表，强化机动车报废回收企业监管。

④推进在用车油品质量升级。加快推动油品升级，推广可再生清洁燃油，完善配套政策；加大质量监督抽查力度，确保出厂成品油质量；禁止销售不符合要求的机动车燃油；加强成品油流通领域质量监督检查。建立成品油生产、进口、销售及使用全过程的监管机制，做到可追踪，违法受追究的监管体系。

⑤非道路机械纳入环保监管。建立出台非道路机械的登记备案、污染排放的管理制度、标准规范和污染控制计划。组织开展机动车非道路移动机械环保信息公开的督查工作，督促机动车生产企业和非道路移动机动车生产、进口企业按要求公开信息。

⑥研究对在用车、新车、非道路移动机械、车用油储运中油气回收等环境违法行为的执法流程和处罚途径。

4. 建立大数据平台，实现联防联控

①整合部门网络，京津冀数据共享。在京津冀区域内率先建立公安、工信、交通、环保等部门机动车相关信息交换机制，对公路卡口、识读基站和进京车辆通行证管理等信息及区域电子围栏数据实现共享。京津冀统一政策、统一步调、联防联控，运用大数据系统，实现对机动车相关的车辆、道路、油品等的动态监管，精准执法，提高监管的效率和科技水平。同时，为政府科学研判、预警预报等决策提供技术支持。

②建设机动车遥测监测网，开展车辆电子标识试点。采用视频监控、车牌图像识别、遥感监测和物联网等设备和技术，实现对机动车尾气排放的全方位监控，强化对高排放车辆的统一监管。结合研究成果，建议在全省高速、国道、城市快速路及主干道、人口密集区域布设机动车遥测点位，筛查高污染排放车辆。对排放量较大的重型柴油货车、大型载客汽车试点安装车辆电子标识系统，推广使用 PEMS 车载测试系统；对比新车一致性查验及在用车环保检验数据，对特定污染排放严重不达标的车型、生产企业及大规模车辆使用企业开展执法监督活动。更好地研究和控制机动车的实时排放。

5. 强化监管机构，理顺管理机制

建议河北省参照北京市和天津市的管理机构设置，探索建立省、市、县三级机动车污染监管机制，建立机动车监管队伍。设立专门的省级、市级管理机构，配备足够的管理和技术人员，首批省级 20 人，地市级 120 人左右。

机动车污染排放与机动车的生产制造、使用、道路交通、燃料品质等多个方面有关，其管理涉及工业与信息化、交通运输、公安、商务、环保、工商、质检等多个部门，头绪复杂，应建立有各级政府负责，多部门分工协作、职责明确、统筹协调的管理机制，使各级各部门责任到位、措施到位，有步骤地实现各阶段目标，控制机动车污染排放。提升监管人员业务能力，实现管理人员与技术人员的互通配合。

6. 针对城市污染特点，制订特色管理规划

各地市依据各自的功能区划定位，因城施策，出台详尽的机动车污染防治管理规划和计划。做好地方铁路网建设规划、普通干线公路绕城规划和项目建设，完善货运车辆绕城通道建设，完善城区环路通行条件。制定进入市区高排放车辆疏导办法并向社会公告，严控进市高排放车辆。

各地应依据机动车污染的占比情况出台管控措施，尤其是重污染天气采取应急措施时，应该根据各地实际情况，机动车单双号限行等措施不宜一刀切，张家口和秦皇岛两市机动车占比比较大，扩散条件也比较好，和石家庄、唐山、邯郸三市有显著的不同。各地市政府在机动车管理上可采取针对性更强的措施，有的放矢。

7. 畅通信息发布，鼓励公众参与

建立机动车污染防治年报制度，依法公开机动车污染防治相关信息，宣传机动车污染防治的有关制度和工作，接受社会各界监督，激发公众参与机动车污染防治活动的热情，群策群力，做好机动车污染防治工作。

监管部门依据日常监督管理和专项检查情况，应以年报、季报、月报和专项报告的方式及时发布监管信息。按生产厂家、汽车品牌进行统计分析，并公布新车一致性查验和在用车检测合格率数据，加大宣传力度和公众的监督力度。

建议开发机动车排放污染监督管理的 APP，并将信息及时上传至机动车监管平台，并将排放超标信息反馈至车主。

8. 深入研究，科学决策

鼓励广泛深入开展与机动车污染防治有关的技术研发、统计调查等各项科研活动，为机动车污染防治提供技术支撑。

现阶段，可以开展机动车排放的氮氧化物、挥发性有机物与光化学烟雾形成机理的研究，开展机动车生命周期内资源损耗及污染排放调查研究，调查评估共享单车、共享汽车、新能源汽车等对交通污染减排的贡献。

参 考 文 献

[1] 郭广勇，白希尧，初庆东，等. 汽车尾气治理技术现状与发展 [J]. 交通环保，2001, 22（6）:28-31.

[2] 滴滴出行，第一财经商业数据中心. 知道——华北城市智能出行大数据报告 [EB/OL]. http://www.199it.com/archives/490061.html, 2016-6-30.

[3] 中国清洁空气联盟. 中国空气质量管理评估报告 2016[EB/OL]. http://www.cleanairchina.org/product/7963.html,2016-9-6.

[4] 李刚，张瑞军. 汽车尾气治理技术方法概述 [J]. 经济与社会发展研究，2014,10:135-135.

[5] 冯卫星. 石家庄城区交通拥堵分析 [J]. 河北交通职业技术学院学报，2012, 9(4):31-35.

[6] 环境保护部. 2015 年全国环境质量状况公报 .2016-6-2.

[7] 河北省环境保护厅 .2015 年河北省环境质量状况公报 .2016-6-6.

[8] 国务院发展研究中心，中国汽车工程学会和大众汽车集团（中国）.2016 中国汽车产业发展报告（2016 汽车蓝皮书）[R].2016-9-1.

[9] 环境保护部 .2015 年中国机动车污染防治年报 .2016-1-19.

[10] 河北省统计局 .2006—2015 河北省国民经济和社会发展统计公报.

[11] 各地市统计局. 河北省 11 个设区市国民经济和社会发展统计公报.

[12] 益伟锋，胡军，周吉峙，等. 不同年限机动车的尾气污染排放现状与缓解对策 [J]. 环境科学与技术 ,2009,32(12):215-217.

[13] 刘欢，贺克斌，王岐东. 天津市机动车排放清单及影响要素研究 [J]. 清华大学学报 ,2008, 48(3):370-373.

[14] 薛平，刘丽霞. 宝鸡市机动车尾气空气污染现状分析及建议对策 [J]. 宝鸡文理学院学报：自然科学版 ,2010,30(4):71-75.

[15] 王志国，闫怀中，李泰岳．济南市机动车排气污染现状与控制对策研究[J]．环境科学研究，1999, 12(3):35-37.

[16] 潘书宏，黄明健．我国城市机动车尾气污染的现状与趋势及其控制对策[J]．南平师专学报，2005,24(04):119-122.

[17] 钱建平，张力，李成超，等．桂林市交警头发 Hg、Pb 含量及分布研究 [J]．环境科学，2013,34(6):2344-2349.

[18] 张美云，陶茂萱，徐东群．汽车尾气对交通警察健康影响的研究现况 [J]．职业与健康，2003, 19(9):6-7.

[19] 方兴．雾散难识霾路：洛杉矶光化学烟雾事件启示录 [N]．中国社会科学报，2014-3-24(A08).

[20] 应玉飞，金雨新．我国城市机动车排气污染趋势及系统防治战略 [J]．中国环境管理，1999,(3):35-38.

[21] 王瑛璞．汽车排放污染生成机理及控制技术研究 [D]，哈尔滨：哈尔滨工程大学，2007.

[22] 李岳林．交通运输环境污染与控制 [M]．2 版．北京：机械工业出版社，2010.

[23] 朱忠伦．汽车排放污染的形成与影响因素 [J]．湖北科技学院学报，2014,34（7）:184-185.

[24] 张凯．西安市机动车尾气污染控制研究 [D]．西安：长安大学，2014.

[25] 国务院发展研究中心，清华大学中国汽车技术研究中心，中国环境科学研究院．中国机动车排放污染与控制 [R]．2001:1-18.

[26] 刘天玉．交通环境保护 [M]．北京：人民交通出版社，2004.

[27] 陈时生．汽车排放污染及控制对策探析 [J]．科技情报开发与经济，2010,20(15): 136-138.

[28] 张玉清．西安市大气降尘形成机理及对策研究 [J]．陕西教育学院学报，2001.17(4):38-40.

[29] 傅葵，李世光，包蕴汾，等．血铅对细胞免疫黏附功能影响的研究 [J]．中

国药物与临床 ,2008, 8(12): 939-941.

［30］姚焕英 . 光化学烟雾的形成及我国的机动车尾气污染原因分析 [J]. 陕西环境 .2001,8(1): 40-41.

［31］方丹群 , 王文奇 , 孙家麒 . 噪声控制 [M]. 北京出版社 ,1986.

［32］贺启环 . 环境噪声污染控制工程 [M]. 北京：清华大学出版社 , 2011.

［33］张弛 . 噪声污染控制技术 [M]. 北京：中国环境科学出版社 ,2007.

［34］杨新兴 . 城市交通噪声及其危害 [J]. 前沿科学 .2011,5(18):21–28.

［35］申福安 . 汽车废气污染控制技术及应用 [J]. 河南科技 ,2009,3:44-45.

［36］杨玉林 , 程雨梅 . 城市汽车排放污染的影响因素及防治污染对策的研究 [J]. 科教文汇 ,2007,3:204-205.

［37］李希川 . 汽车排放污染及控制技术 [J]. 节能环保 ,2012,16:116-118.

［38］朱忠伦 . 汽车排放污染的形成与影响因素 [J]. 湖北科技学院学报 ,3014,34（7）:184-185.

［39］张建民 . 机动车行驶速度对排放污染物的影响 [J]. 江苏环境科技 , 2007,20(4)：64-65.

［40］Henein N A, Tagomori M K. Cold-start hydrocarbon emissions in port-injected gasoline engines[J]. Energy and Combustion Science, 1999. 25(6): 563-593.

［41］黄佐华 , 庞俊国 , 潘克煜 , 等 . 冷起动和怠速时火花点燃式发动机缸内未燃碳氢生成过程的研究 [J]. 燃烧科学与技术 ,1997,3(4): 406-411.

［42］程勇 , 王建听 , 吴宁 , 等 . 降低汽油机起动及暖机过程中 HC 排放的探讨 [J]. 内燃机学报 ,2002.20(4):292-296.

［43］纪常伟 , 王海龙 , 崔海龙 . 进气管结构对电喷汽油机排放的影响 [J]. 农业机械学报 ,2005,36(4):42-44.

［44］栗工 , 李理光 . 汽油机冷起动 HC 排放的机理与控制策略 [J]. 农业机械学报 ,2006,37(6):151-158.

［45］牟建勇 . 燃油品质对汽车排放标准实施的影响研究 [J]. 中国标准化 , 2012,8:116-123.

［46］董红霞，刘泉山，徐小红．国内外汽车—油品—排放项目研究概述 [J]. 车用发动机 ,2008,176:5-7.

［47］刘凤波，崔雯辉．浅谈燃油组分对汽车尾气排放的影响 [J]. 辽宁农业职业技术学院学报 ,2010,12(3):33-35.

［48］张广昕，孙晋伟，张传桢，等．机动车污染物排放影响因素及控制措施研究 [J]. 汽车工程 ,2013,2:51-55.

［49］黄文伟，孙龙林，罗新闻．城市出租车行驶里程与排放特性相关性的试验研究 [J]. 汽车技术 ,2012（3）：43-48.

［50］Fredric C. Menz. The U.S. Experience with Motor Vehicle Pollution Control[J]. World Environment, 2002, 5: 34.

［51］肖翠翠，杨姝影．美国移动源污染排放管理及对我国的启示 [J]. 环境与可持续发展，2015, 1: 34.

［52］卢青韦．美国致力减少二氧化碳排放和降低燃油消耗 [J]. 汽车与配件，1997, 17: 25.

［53］马祖琦．大伦敦低排放区政策述评 [J]. 国际城市规划，2010, 25(1): 89-90.

［54］周新军．欧盟低碳交通战略举措及启示 [J]. 中外能源，2012, 11(17): 8-10.

［55］彭婕．欧洲是这样管理交通的 [J]. 城市车辆，2007, 7: 41

［56］李振宇，张好智，陈徐梅，等．欧洲城市交通节能减排的主要途径与经验启示 [J]. 公路与汽运，2011, 3: 22-24.

［57］甘佳．日本机动车尾气污染防治法律制度研究 [D]. 江西理工大学，2014.

［58］周文．美国如何治理机动车排放污染 [J]. 生态经济，2011, 11: 177-178.

［59］Fredric C. Menz. The U.S Experience with Motor Vehicle Pollution Control(one) [J]. World Environment, 2002, 4: 26-27.

［60］程煜群．中美机动车尾气排放污染控制制度 [D]. 北京：中国地质大学，2011.

［61］朱庆云，温旭虹，宫兰斌．美国加州汽油排放标准和汽油标准的发展 [J]. 2004, 3(22): 44-45.

[62] 梦怡平 . 美国联邦及加州尾气排放限值 [J]. 汽车技术 , 2000, 10(13): 34-35.
[63] 赵昱东 . 国外机动车排放污染控制技术的发展 [J]. 国外科技 , 2002, 6: 40-43.
[64] 朱毅 . 欧洲轻型汽车排放技术法规概述 [J]. 汽车与配件 , 2002, 34: 29.
[65] 贺晋瑜 , 燕丽 . 借鉴欧洲经验加快我国颗粒物污染防治 [J]. 环境与可持续发展 , 2013, 6: 14-15.
[66] 蒋德明 . 达到欧洲排放法规的新一代车用重载柴油机 [J]. 车用发动机 , 2009, 4: 1-2.
[67] 王生昌 , 李茂月 , 范良瑛 . 日本降低汽车尾气排放的动向与启示 [J]. 2006, 5: 11-12.
[68] 姜天喜 . 日本对汽车数量及其尾气排放量的控制 [J]. 生态经济 , 2007, 11: 157-159.
[69] 潘朋 , 王建海 , 钟祥麟 . 日本汽车的排放法规对 PM 排放的技术要求研究 [J]. 汽车节能 , 2011, 1: 38.
[70] 潘朋 , 王建海 , 田冬莲 . 日本后新长期规定对汽车 PM 排放的技术要求研究 [J]. 2010, 8: 91.
[71] 赵佳佳 , 单春艳 , 吴晓璇 . 日本机动车颗粒物 PM 总量控制制度及效果分析 [J]. 环境污染与防治 , 2016, 6:111.
[72] 江年 . 欧洲联盟要求在 2012 年左右使用无硫汽油 [N]. Acid News, March 3(2002).
[73] 胡君宝 . 浅谈美国汽车排放管理和我国的控制策略 [J]. 科技信息 , 1998, 02: 8.
[74] 邵祖峰 . 国外机动车污染控制管理体系分析 [J]. 客车技术与研究 , 2003, 6(25): 41-43.
[75] 姜欢欢 , 李瑞娟 , 高颖楠 . 美国机动车污染控制经验及其对中国的启示研究 [J]. 环境污染与防治 , 2015, 10(37): 105.
[76] 岳昆 . 借鉴日本经验助推我国机动车污染减排 [J]. 环境保护 , 2013, 7:

71-72.

[77] 韦洪莲 . 未来将加大新生产机动车环保检查力 [EB/OL].http://www.vecc-mep.org.cn/news/news_detail.jsp?newsid=71057,2016-9-5.

[78] 鲍晓峰 . 汽车尾气排放现状与法规升级 [EB/OL]. http://www.vecc-mep.org.cn/news/news_detail.jsp?newsid=71053,2016-9-5.

[79] 李莹莹 . 京津冀机动车污染物排放总量测算及减排防控策略研究 [D]. 天津理工大学 ,2015.

[80] 王慧慧 . 上海市机动车污染物排放的测算与协同控制效应研究 [D]. 合肥工业大学 ,2015.

[81] 河北省环境保护厅 .2015 年河北省环境质量状况公报 .2016-6-6.

[82] 国务院发展研究中心 , 中国汽车工程学会和大众汽车集团（中国）.2016 中国汽车产业发展报告（2016 汽车蓝皮书）.2016-8-31.

[83] 环境保护部 .2016 年中国机动车环境管理年报 .2016-6-2.

[84] 罗彬 . 成都市机动车污染物排放现状 , 预测及控制对策研究 [D]. 四川大学 ,2004.

[85] 刘鸿远 . 城市交通碳排放预测与发展模式选择——以天津市为例 [D]. 天津理工大学 ,2014.

[86] 王莉莉 . 兰州市机动车尾气排放对大气环境影响分析及对策研究 [D]. 兰州交通大学 ,2013.